固体废物处理与资源化实验教程

张鸿郭　庞　博　陈镇新　主编

北京理工大学出版社
BEIJING INSTITUTE OF TECHNOLOGY PRESS

内 容 简 介

本书根据当前高等教育教学改革的发展趋势和对学生创新能力培养的要求，培养具有沟通能力、合作能力、资源回收利用专业知识技能、终身学习能力以及健全的世界观和责任感，能满足资源节约型社会需求的环境工程专业技术人才。本书共设置了六个部分的内容，第一部分是实验操作基础，其中包括实验教学基本要求和实验过程中常用的一些操作和仪器设备；第二部分是实验设计与数据处理，包括实验设计简介、目的和常用的实验设计方法等；第三部分是误差分析与实验数据处理；第四部分是固体废物基础性实验，包括固体废物样本的采集与保存，固体废物物理化学等性质的测定实验；第五部分是固体废物专业实验，包括固体废物破碎、分选和固化等专业实验；第六部分是固体废物综合设计性实验，包括生物质热解和污泥制备陶粒等实验。本书力求从实验教学角度，促进工程专业技术人才的培养，同时使实验教学手段与当前科技发展趋势保持一致。

图书在版编目（CIP）数据

固体废物处理与资源化实验教程 / 张鸿郭，庞博，陈镇新主编. —北京：北京理工大学出版社，2018.1（2019.8重印）
ISBN 978-7-5682-5224-9

Ⅰ. ①固… Ⅱ. ①张… ②庞… ③陈… Ⅲ. ①固体废物处理-高等学校-教材 Ⅳ. ①X705

中国版本图书馆 CIP 数据核字（2018）第 007633 号

出版发行 / 北京理工大学出版社有限责任公司
社　　址 / 北京市海淀区中关村南大街 5 号
邮　　编 / 100081
电　　话 /（010）68914775（总编室）
（010）82562903（教材售后服务热线）
（010）68948351（其他图书服务热线）
网　　址 / http://www.bitpress.com.cn
经　　销 / 全国各地新华书店
印　　刷 / 北京九州迅驰传媒文化有限公司
开　　本 / 710 毫米×1000 毫米　1/16
印　　张 / 12.5
字　　数 / 176 千字
版　　次 / 2018 年 1 月第 1 版　2019 年 8 月第 2 次印刷
定　　价 / 43.00 元

责任编辑 / 杜春英
文案编辑 / 郭贵娟
责任校对 / 周瑞红
责任印制 / 王美丽

图书出现印装质量问题，请拨打售后服务热线，本社负责调换

编 委 会

主　编　张鸿郭　庞　博　陈镇新

副主编　王筱虹　夏建荣

编　委（以拼音字母先后为序）

常向阳　陈镇新　龚　剑　黄晓武

孔令军　庞　博　彭　燕　苏敏华

唐进峰　王伟彤　王筱虹　夏建荣

肖唐付　张鸿郭

前言

固体废物是指人类在生产建设、日常生活和其他活动中产生的，在一定时间和地点无法利用而被丢弃的污染环境的固体、半固体废弃物质，是伴随着人类社会存在和发展的必然产物，固体废物的概念随时、空的变迁而具有相对性。一方面，固体废物作为各种污染物的最终形态，具有种类繁多，成分复杂，极易进入大气、水体和土壤中而参与物质循环的特点，对于生态环境和人类健康具有潜在的、长期的危害。但另一方面，固体废物中又蕴含着巨大的资源，人类可从废弃物中开发所需的各类生产资源。我国面临着“资源约束趋紧和环境污染严重”的现状，节约资源和保护环境已是我国的基本国策，废弃物资源再生利用已成为我国缓解资源约束的必要途径和减轻环境污染的重要措施。

固体废物的处理技术主要包括破碎、分选、生物处理、焚烧、热解、危险废物固定化等，以研究固体废物的处理及资源化利用为主要内容的固体废物处理与处置技术是环境类专业的必修课程，而实验教学是固体废物处理与处置技术教学的重要组成部分。

《固体废物处理与资源化实验教程》作为固体废物处理与处置技术的配套实验教程，是根据当前高等教育教学改革的发展趋势和对学生创新能力培养的要求，培养具有沟通能力、合作能力、资源回收利用专业知识技能、终身学习能力以及健全的世界观和责任感，能满足资源节约型社会需求的环境工程专业的技术人才。根据当前高等教育教学改革的发展趋势和对学生创新能力培养的要求，本教程力求做到简单易行，但又不失实验项目实用性、科学性和综合设计性的特点，编写了六个部分的内容，包括实验操作基础、实验设计与数据处理、误差分析与实验数据处理、固体废物基础性实验、固体废物专业实验和固体废物综合设计性实验。

本书可作为高等院校环境工程专业、环境科学专业以及其他相关专业的实验教学用书，也可供科研、设计及管理人员参考。各校可根据实际情况选用其中的实验项目进行教学与实践。

由于编者水平和时间所限，有疏漏之处，恳请读者批评指正。

编　者

2017 年 09 月于广州大学

目 录

第一部分　实验操作基础

1.1　实验教学基本要求

1. 课前预习

为完成好每个实验，学生在课前必须认真阅读实验教材，清楚地了解实验项目的目的和要求、实验原理和实验内容，写出简明的预习提纲。预习提纲包括：

（1）实验目的和主要内容。

（2）需测试项目的测试方法。

（3）实验注意事项。

（4）准备好实验记录表格。

2. 实验设计

实验设计是实验研究的重要环节，是获得满足要求的实验结果的基本保障。在实验教学中，宜将此环节的训练放在部分实验项目完成后进行，以达到使学生掌握实验设计方法的目的。

3. 实验操作

学生在实验前应仔细检查实验设备、仪器仪表是否完整齐全；实验时要严格按照操作规程认真操作，仔细观察实验现象，精心测定实验数据，并详细填写实验记录；实验结束后，要将实验设备和仪器仪表恢复原状，将周围环境整理干净。学生应注意培养自己严谨的科学态度，养成良好的学习和工作习惯。

4. 实验数据处理

通过实验取得大量数据以后，必须对数据进行科学的整理和分析，去伪存真、去粗取精，以得到正确可靠的结论。

5. 编写实验报告

编写实验报告是实验教学必不可少的环节，这一环节的训练可为学生今后写好科学论文或科研报告打下基础。实验报告包括下述内容：

（1）实验目的。

（2）实验原理。

（3）实验装置和方法。

（4）实验数据和数据的整理结果。

（5）实验结果讨论。

对于设计性、研究性等综合开放性实验，要求学生通过查阅有关书籍、文献资料，了解和掌握与课题有关的国内外技术状况、发展动态，并在此基础上，根据实验课题要求和实验室条件，提出具体的实验方案，包括实验工艺技术路线、实验条件要求、实验计划进度等。综合开放性实验研究报告的内容应包括：

（1）课题的调研。

（2）实验方案的设计。

（3）实验过程的描述。

（4）实验结果的分析讨论。

（5）实验结论。

（6）参考文献等。

1.2　重量分析基本操作

重量分析是通过称量被测组分的质量来确定被测组分百分含量的分析方法。一般是先将被测组分从试样中分离出来，并转化为一定的称量形式后进行称量，再由称得的物质的质量计算被测成分的含量。重量分析的基本操作包括样品的溶解、沉淀、过滤、洗涤、干燥和灼烧等步骤。

1.2.1　溶解

将样品称于烧杯中，沿杯壁加溶剂，盖上表面，轻轻摇动，必要时可加热促其溶解，但温度不可太高，以防溶液溅失。

如果样品需要用酸溶解且有气体放出，则应先在样品中加少量水调成糊状，盖上表面，从烧杯嘴处注入溶剂，待作用完以后，用洗瓶冲洗表面凸面并使之流入烧杯内。

1.2.2　沉淀

重量分析对沉淀的要求是尽可能地完全和纯净。为了达到这个要求，应该按照沉淀的类型选择不同的沉淀条件，如沉淀时溶液的体积、温度，加入沉淀剂的浓度、数量及加入速度、搅拌速度和放置时间等。因此，必须按照规定的操作要求进行。

一般进行沉淀操作时，左手拿滴管滴加沉淀剂，右手持玻璃棒不断搅动溶液，搅动时玻璃棒不要碰烧杯壁或烧杯底，以免划损烧杯。若溶液需要加热，则一般在水浴或电热板上进行。样品沉淀后应检查沉淀是否完全，检查的方法是：待样品沉淀下沉后，在上层澄清液中，沿杯壁加 1 滴沉淀剂，观察滴落处是否出现浑浊。若无浑浊出现，则表明已沉淀完全；如出现浑浊，则需再补加沉淀剂，直至再次检查时上层澄清液中不再出现浑浊为止，然后盖上表面。

1.2.3 过滤和洗涤

1. 用滤纸过滤和洗涤

（1）滤纸的选择。

滤纸分定性滤纸和定量滤纸两种，重量分析中常用定量滤纸（或称无灰滤纸）进行过滤。定量滤纸灼烧后灰分极少，其质量可忽略不计，如果灰分较重，则应扣除空白。定量滤纸一般为圆形，按直径分为 11 cm、9 cm、7 cm 等几种；按滤纸孔隙的大小分为快速、中速和慢速 3 种。根据沉淀的性质选择合适的滤纸，如 $BaSO_4$、$CaC_2O_4 \cdot 2H_2O$ 等细晶形沉淀，应选用慢速滤纸过滤；$Fe_2O_3 \cdot nH_2O$ 为胶状沉淀，应选用快速滤纸过滤；$MgNH_4PO_4$ 等粗晶形沉淀，应选用中速滤纸过滤。根据沉淀量的多少，选择不同大小的滤纸。表 1–1 是常用国产定量滤纸的灰分质量，表 1–2 是国产定量滤纸的类型。

表 1–1 常用国产定量滤纸的灰分质量

直径/cm	7	9	11	12.5
灰分/（g · 张$^{-1}$）	3.5×10^{-5}	5.5×10^{-5}	8.5×10^{-5}	1.0×10^{-4}

表 1–2 国产定量滤纸的类型

类型	盒上色带标志	滤速/（s ·（100 mL）$^{-1}$）	适用范围
快速	白色	60～100	无定形沉淀，如 $Fe(OH)_3$
中速	蓝色	100～160	中等粒度沉淀，如 $MgNH_4PO_4$
慢速	红色	160～200	细粒状沉淀，如 $CaC_2O_4 \cdot 2H_2O$

（2）漏斗的选择。

用于重量分析的漏斗应该是长颈漏斗，颈长为 15～20 cm，漏斗锥体角应为 60°，颈的直径要小些，一般为ϕ3～5 mm，以便保留颈内的水柱，其出口处磨成 45°，如图 1–1 所示。漏斗在使用前应洗净。

（3）滤纸的折叠。

折叠滤纸的手要洗净擦干，滤纸的折叠如图 1–2 所示。

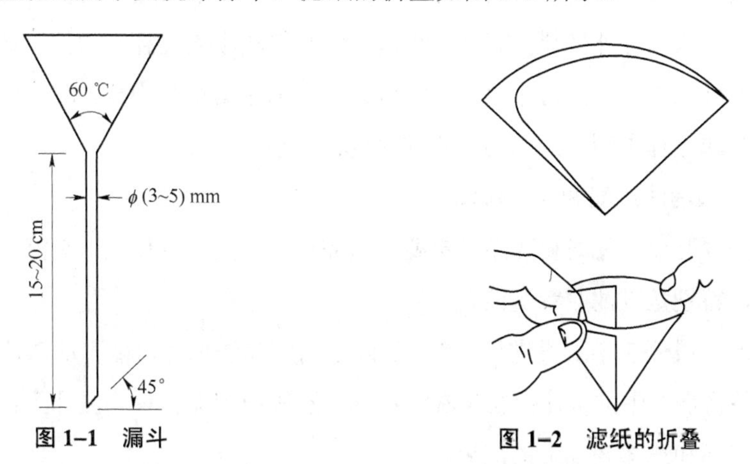

图 1–1　漏斗　　**图 1–2　滤纸的折叠**

先把滤纸对折并按紧一半，然后再对折但不要按紧，把折成圆锥形的滤纸放入漏斗中。滤纸的大小应低于漏斗边缘 0.5～1 cm，若高出漏斗边缘，则可剪去一圈。观察折好的滤纸是否能与漏斗内壁紧密贴合，若未紧密贴合，则可以适当改变滤纸的折叠角度，直至与漏斗贴紧后把第二次的折边折紧。取出圆锥形滤纸，将半边为三层滤纸的外层折角撕下一块，这样可以使内层滤纸紧密贴在漏斗内壁上，撕下来的那一小块滤纸保留作擦拭烧杯内残留的沉淀用。

（4）做水柱。

滤纸放入漏斗后，用手按紧使之密合，然后用洗瓶加水润湿全部滤纸。用手指轻压滤纸，赶去滤纸与漏斗壁间的气泡，然后加水至滤纸边缘，此时漏斗颈内应全部充满水，形成水柱。若滤纸上的水全部流尽后，漏斗颈内的水柱应仍能保持住，那么此时液体的重力可起抽滤作用，故可加快过滤速度。

若水柱做不成，则可用手指堵住漏斗下口，稍掀起滤纸的一边，用洗瓶向滤纸和漏斗间的空隙内加水，直到漏斗颈及锥体的一部分被水充满，然后边按紧滤纸边慢慢松开下面堵住出口的手指，此时水柱应该形成。如仍不能形成水柱，或水柱不能保持，而漏斗颈又确已洗净，则是因为漏斗颈太大。实践证明，漏斗颈太大的漏斗是做不出水柱的，此时应更换漏斗。

做好水柱的漏斗应放在漏斗架上，下面用一个洁净的烧杯承接滤液，滤液可用作其他组分的测定。滤液有时是不需要的，但考虑到过滤过程中可能有沉淀渗滤，或滤纸意外破裂，需要重滤，所以要用洗净的烧杯来承接滤液。为了防止滤液外溅，一般将漏斗颈出口斜口长的一侧贴紧烧杯内壁。漏斗位置的高低，以过滤过程中漏斗颈的出口不接触滤液为度。

（5）倾泻法过滤和初步洗涤。

首先要强调，过滤和洗涤一定要一次完成，因此必须事先计划好时间，不能间断，特别是过滤胶状沉淀。

过滤一般分 3 个阶段进行：第一阶段采用倾泻法把尽可能多的清液先过滤过去，并将烧杯中的沉淀做初步洗涤；第二阶段把沉淀转移到漏斗上；第三阶段清洗烧杯和洗涤漏斗上的沉淀。

过滤时，为了避免沉淀堵塞滤纸的空隙，影响过滤速度，一般多采用倾泻法过滤，即倾斜静置烧杯，待沉淀下降后，先将上层清液倾入漏斗中，而不是一开始过滤就将沉淀和溶液搅混后过滤。

倾泻法过滤的操作如图 1–3 所示，将烧杯移到漏斗上方，轻轻提起玻璃棒；将玻璃棒下端轻碰一下烧杯壁使悬挂的液滴流回烧杯中；将烧杯嘴与玻璃棒贴紧，玻璃棒直立，下端接近三层滤纸的一边，慢慢倾斜烧杯，使上层清液沿玻

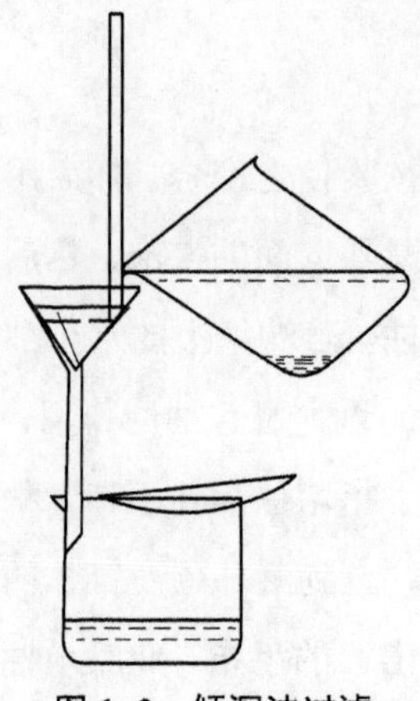

图 1–3　倾泻法过滤

璃棒流入漏斗中，漏斗中的液面不要超过滤纸高度的 2/3，或使液面离滤纸上边缘约 5 mm，以免少量沉淀因毛细管作用越过滤纸上缘而造成损失。

暂停倾注时，应沿玻璃棒将烧杯嘴往上提，逐渐使烧杯直立，等玻璃棒和烧杯由相互垂直变为几乎平行时，将玻璃棒离开烧杯嘴并移入烧杯中。这样才能避免留在玻璃棒端及烧杯嘴上的液体流到烧杯外壁上去。玻璃棒放回原烧杯时，勿将清液搅混，也不要靠在烧杯嘴处，因为烧杯嘴处沾有少量沉淀。如此重复上述操作，直至上层清液倾完为止。当烧杯内的液体较少而不便倾出时，可将玻璃棒稍向左倾斜，使烧杯倾斜角度更大些。

在上层清液倾注完以后，在烧杯中做初步洗涤。选用什么洗涤液洗沉淀，应根据沉淀的类型而定。

① 晶形沉淀：可用冷的稀沉淀剂进行洗涤，因为同离子效应可以减少沉淀的溶解损失。但是如果沉淀剂为不挥发的物质，就不能用作洗涤液，此时可改用蒸馏水或其他合适的溶液洗涤沉淀。

② 无定形沉淀：用热的电解质溶液作洗涤剂，以防止产生胶溶现象，大多采用易挥发的铵盐溶液作洗涤剂。

③ 对于溶解度较大的沉淀，采用沉淀剂加有机溶剂洗涤沉淀，可降低其溶解度。

洗涤时，沿烧杯内壁四周注入少量洗涤液，每次约 20 mL，充分搅拌，静置，待沉淀沉降后，按倾泻法过滤洗涤。如此洗涤沉淀 4～5 次，每次应尽可能地把洗涤液倾倒尽，再加第二份洗涤液。随时检查滤液是否透明、是否含沉淀颗粒，如果出现混浊或沉淀颗粒则应重新过滤，或重做实验。

（6）沉淀的转移。

沉淀用倾泻法洗涤后，在盛有沉淀的烧杯中加入少量洗涤液，搅拌混合，全部倾入漏斗中。如此重复 2～3 次，然后将玻璃棒横放在烧杯口上，玻璃棒下端比烧杯口长出 2～3 cm，左手食指按住玻璃棒，大拇指在前，其余手指在后，拿起烧杯，放在漏斗上方，倾斜烧杯使玻璃棒仍指向三层滤纸的一边，用洗瓶冲洗烧杯壁上附着的最后少量沉淀，使之全部转移到漏斗中，如图 1–4 所示。最后用保存的小块滤纸擦拭玻璃棒，再将滤纸放入烧杯中，用玻璃棒压住滤纸进行擦拭。擦拭后的滤纸块，用玻璃棒拨入漏斗中，用洗涤液再次冲洗烧杯并将残存的沉淀全部转入漏斗。有时也可用淀帚，如图 1–5 所示，擦洗烧杯上的沉淀，然后洗净淀帚。淀帚一般可自制：剪一段乳胶管，一端套在玻璃棒上，另一端用橡胶胶水粘合，用夹子夹扁晾干即成。

图 1–4　最后少量沉淀的冲洗

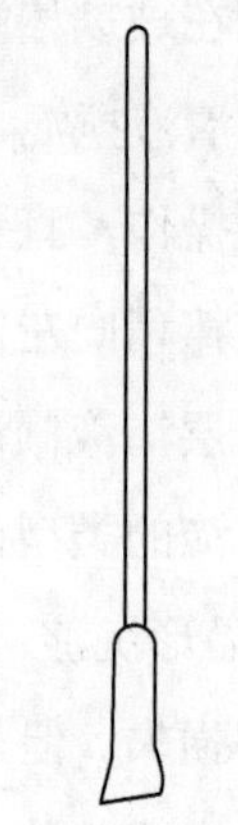

图 1–5　淀帚

（7）洗涤。

沉淀全部转移到滤纸上后，在滤纸上进行最后的洗涤。这时要用洗瓶由滤纸边缘稍下一些地方螺旋形向下移动冲洗沉淀，如图 1–6 所示。这样可使沉淀集中到滤纸锥体的底部。不可将洗涤液直接冲到滤纸中央沉淀上，以免沉淀外溅。

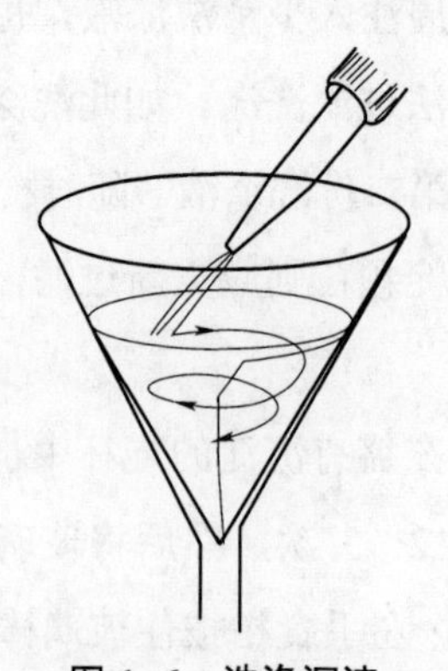

图 1–6　洗涤沉淀

采用“少量多次”的方法洗涤沉淀，即每次加少量洗涤液，洗后先尽量沥干，再加第二次洗涤液，这样可提高洗涤效率。洗涤次数一般都有规定，例如洗涤 8～10 次，或规定洗涤至流出液无 Cl^-为止等。如果要求洗涤至无 Cl^-为止，则需洗涤几次以后，用小试管或小表面接取少量滤液，用硝酸酸化的 $AgNO_3$ 溶液检查滤液中是否还有 Cl^-（有无白色浑浊），若无，则可认为已洗涤完毕，否则需进一步洗涤。

2. 用微孔玻璃坩埚（漏斗）过滤

有些沉淀不能与滤纸一起灼烧，因为很容易被还原，如 AgCl 沉淀；有些沉淀无须灼烧，只需烘干即可称量，如丁二肟镍沉淀、磷钼酸喹琳沉淀等，但也不能用滤纸过滤，因为滤纸烘干后，质量改变很多，在这种情况下，应该用微孔玻璃坩埚（或微孔玻璃漏斗）过滤，如图 1–7 所示。

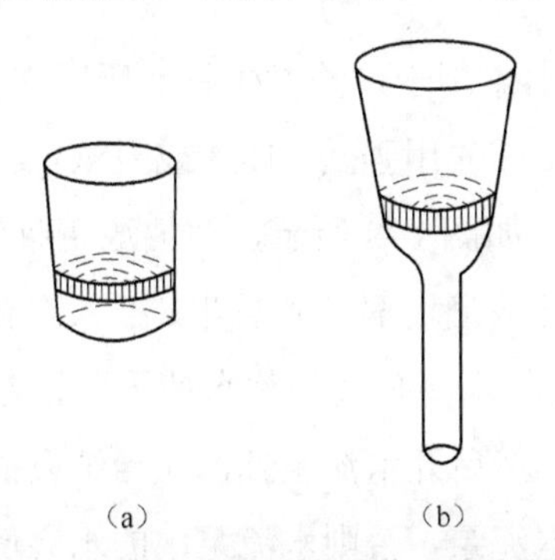

图 1–7　微孔玻璃坩埚和微孔玻璃漏斗

（a）微孔玻璃坩埚；（b）微孔玻璃漏斗

这类滤器的滤板是用玻璃粉末在高温条件下熔结而成的。

这类玻璃滤器的分级和牌号见表 1–3。

表 1–3　玻璃滤器的分级和牌号①

牌号	孔径分级/μm		牌号	孔径分级/μm	
	>	≤		>	≤
P1.6	—	1.6	P40	16.0	40.0
P4	1.6	4.0	P100	40.0	100.0
P10	4.0	10.0	P160	100.0	160.0
P16	10.0	16.0	P250	160.0	250.0

① 资料引自 GB 11415—1989。

玻璃滤器的牌号以每级孔径的上限值加前置字母“P”表示，表 1–3 中的牌号引自我国于 1990 年开始实施的新标准。过去玻璃滤器一般分为 6 种型号，现将过去使用的玻璃滤器的旧牌号及孔径范围列于表 1–4 中。

表 1–4 玻璃滤器的旧牌号及孔径范围

旧牌号	G1	G2	G3	G4	G5	G6
滤板孔径/μm	80～120	40～80	15～40	5～15	2～5	＜2

分析实验中常用 P40（G3）和 P16（G4）号玻璃滤器。例如，过滤金属汞用 P40 号玻璃滤器；过滤 $KMnO_4$ 溶液用 P16 号漏斗式滤器；重量法测 Ni 用 P16 号坩埚式滤器。

P4～P1.6 号玻璃滤器常用于过滤微生物，所以这种滤器又称为细菌漏斗。

这种滤器在使用前，需先用强酸（HCl 或 HNO_3）处理，然后再用水洗净。洗涤时通常采用抽滤法。如图 1–8 所示，在抽滤瓶瓶口配一块稍厚的橡皮垫，垫上挖一个圆孔，将微孔玻璃坩埚（或漏斗）插入圆孔中（市场上有这种橡皮垫出售），抽滤瓶的支管与水流泵（俗称水抽子）相连接。先将强酸倒入微孔玻璃坩埚（或漏斗）中，然后开水流泵抽滤，当结束抽滤时，应先拔掉抽滤瓶支管上的胶管，再关闭水流泵，否则水流泵中的水会倒吸入抽滤瓶中。这种滤器耐酸不耐碱，因此，不可用强碱处理，也不适于过滤强碱溶液。

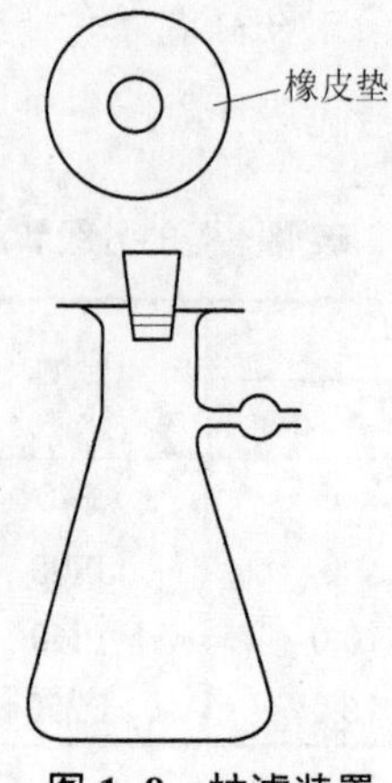

图 1–8 抽滤装置

将已洗净、烘干且恒重的微孔玻璃坩埚（或漏斗）置于干燥器中备用。过滤时，所用装置和上述洗涤时的装置相同，在开动水流泵抽滤的情况下，用倾泻法进行过滤，其操作与上述用滤纸过滤相同，不同之处是在抽滤下进行。

1.2.4　干燥和灼烧

由于沉淀的干燥和灼烧是在一个预先灼烧至质量恒定的坩埚中进行的，因此，在沉淀干燥和灼烧前，必须预先准备好坩埚。

1. 坩埚的准备

先将瓷坩埚洗净，并用小火烤干或烘干，编号（可用含 Fe^{3+}或 Co^{2+}的蓝墨水在坩埚外壁上编号），然后在所需温度下加热灼烧。灼烧可在高温电炉中进行。由于温度骤升或骤降常使坩埚破裂，故最好将坩埚放入冷的炉膛中逐渐升高温度，或者将坩埚在已升至较高温度的炉膛口预热一下，再放进炉膛中。一般在 800 ℃～950 ℃下灼烧半小时（新坩埚需灼烧 1 h）。从高温电炉中取出坩埚时，应先使高温电炉降温，然后将坩埚移入干燥器中，将干燥器连同坩埚一起移至天平室，冷却至室温（约需 30 min），取出称量。随后进行第二次灼烧（15～20 min）、冷却和称量。如果前后两次称量结果之差不大于 0.2 mg，则可认为坩埚已达质量恒定，否则还需再灼烧，直至质量恒定为止。灼烧空坩埚的温度必须与以后灼烧沉淀的温度一致。

坩埚的灼烧也可以在煤气灯上进行。事先将坩埚洗净晾干，将其直立在泥三角上，盖上坩埚盖，但不要盖严，需留一小缝。用煤气灯逐渐升温，最后在氧化焰中高温灼烧，灼烧的时间和在高温电炉中相同，直至质量恒定。

2. 沉淀的干燥和灼烧

坩埚准备好后即可开始沉淀的干燥和灼烧。利用玻璃棒把滤纸和沉淀从漏斗中取出，如图 1–9 所示，折卷成小包，并把沉淀包卷在里面。此时应特别注意，勿使沉淀有任何损失。如果漏斗上沾有一些微沉淀，则可用滤纸碎片擦下，与沉淀包卷在一起。

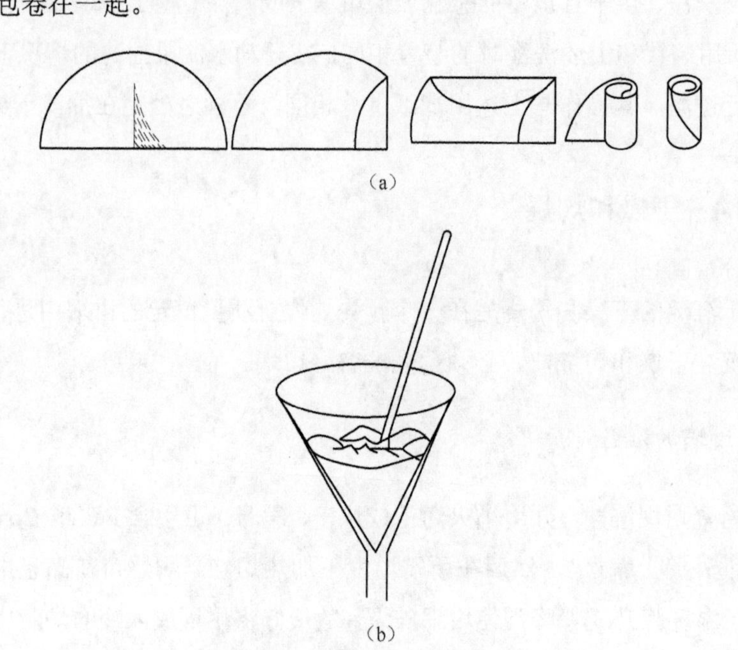

图 1–9 沉淀后滤纸的折卷

（a）过滤后滤纸的折卷；（b）胶体沉淀滤纸的折卷

将滤纸包装进已质量恒定的坩埚内，使滤纸层较多的一边向上，这样更容易使滤纸灰化。如图 1–10 所示，将坩埚侧置于泥三角上，盖上坩埚盖，然后如图 1–11 所示，将滤纸烘干并炭化，在此过程中必须防止滤纸着火，否则会使沉淀飞散而损失。若滤纸已着火，则应立刻移开煤气灯，并将坩埚盖盖上，让火焰自熄。

图 1–10 坩埚侧置于泥三角上

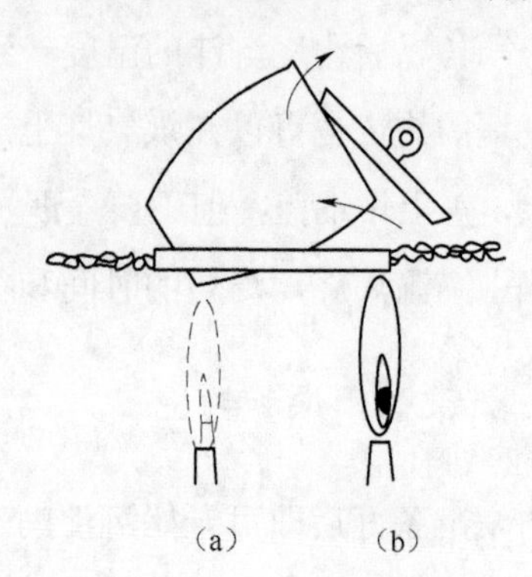

图 1–11 烘干并炭化

（a）烘干；（b）炭化

当滤纸炭化后，可逐渐提高温度，并随时用坩埚钳转动坩埚，把坩埚内壁上的黑炭完全烧去，将黑炭烧成 CO_2 而除去的过程叫灰化。待滤纸灰化后，将坩埚垂直地放在泥三角上，盖上坩埚盖（留一小孔隙），于指定温度下灼烧沉淀，或者将坩埚放在高温电炉中灼烧。一般第一次灼烧的时间为 30～45 min，第二次灼烧的时间为 15～20 min。每次灼烧完毕从炉内取出后，都需要在空气中稍冷，再移入干燥器中。沉淀冷却到室温后再进行称量，然后再灼烧、冷却、称量，直至质量恒定。

微孔玻璃坩埚（或漏斗）只需烘干即可称量，一般将微孔玻璃坩埚（或漏斗）连同沉淀放在表面皿上，然后放入烘箱中，根据沉淀性质确定烘干温度。一般第一次烘干时间要长些，约 2 h，第二次烘干时间可短些，为 45 min 到 1 h，根据沉淀的性质具体处理。沉淀烘干后，取出坩埚（或漏斗），置干燥器中冷却至室温后称量。反复烘干、称量，直至质量恒定为止。

3. 干燥器的使用方法

干燥器是具有磨口盖子的密闭厚壁玻璃器皿，常用以保存坩埚、称量瓶和试样等。它的磨口边缘一般会涂一薄层凡士林，使之能与盖子密合，如图 1–12 所示。

图 1–12　干燥器

干燥器底部盛放干燥剂，最常用的干燥剂是变色硅胶和无水氯化钙，其上搁置洁净的带孔瓷板，坩埚等即可放在瓷板孔内。

干燥剂吸收水分的能力都是有一定限度的。例如，硅胶，20 ℃时，被其干燥过的 1 L 空气中残留水分为 6×10^{-3} mg；无水氯化钙，25 ℃时，被其干燥过的 1 L 空气中残留水分小于 0.36 mg。因此，干燥器中的空气并不是绝对干燥的，只是湿度较低而已。

使用干燥器时应注意下列事项：

（1）干燥剂不可放得太多，以免沾污坩埚底部。

（2）搬移干燥器时，要用双手拿着，用大拇指紧紧按住盖子，如图 1–13 所示。

图 1–13　搬干燥器的动作示意图

（3）打开干燥器时，不能往上掀盖，应用左手按住干燥器，右手小心地把盖子稍微推开，等冷空气徐徐进入后，才能完全推开，盖子必须仰放在桌子上。

（4）不可将太热的物体放入干燥器中。

（5）有时较热的物体放入干燥器中后，空气受热膨胀会把盖子顶起来，为了防止盖子被打翻，应当用手按住，不时把盖子稍微推开（不到 1 s），以放出热空气。

（6）灼烧或烘干后的坩埚和沉淀，在干燥器内不宜放置过久，否则会因吸收一些水分而使质量略有增加。

（7）变色硅胶干燥时为蓝色（含无水 Co^{2+}色），受潮后会变为粉红色（水合 Co^{2+}色）。可以在固定温度下（120 ℃）烘受潮的硅胶，待其变蓝后反复使用，直至破碎不能用为止。

1.3　酸度计及其使用方法

实验中常需测定各溶液的 pH 值，pH 值是一个较为有效和简单的指标，它一般用来表示水或溶液中的酸度，度量其释放质子的能力，即其中所有能与强碱相作用的物质总量。

对于 pH 值的测定，根据电位法原理制成的 pH 电位计（或酸度计）的应用较为普遍，且精度较高，使用时应先用 pH 标准缓冲液对其进行校正，并注意电极的维护与保养。下面以实验常用的 pHS–2 型酸度计为例，测定 pH 值。

采用 pHS–2 型酸度计测定 pH 值的具体方法如下。

1. pH 值测定仪器的组件

pH 值测定仪器包括：pHS–2 型酸度计、pH 玻璃电极、甘汞电极、磁力搅拌器等。

2. 标准缓冲溶液的配置

（1）配置邻苯二甲酸氢钾标准缓冲溶液（25 ℃时，pH=4.008）。

称取 5.06 g 邻苯二甲酸氢钾［GR，在（115±5）℃烘干 2～3 h，并于干燥器中冷却］，溶于蒸馏水，移入 500 mL 容量瓶中，稀释至标线，混匀，保存于聚乙烯瓶中。

（2）配置磷酸盐标准缓冲溶液（25 ℃时，pH=6.685）。

迅速称取 3.388 g 磷酸二氢钾和 3.533 g 磷酸氢二钾［GR，在（115±5）℃烘干 2～3 h，并于干燥器中冷却］，溶于蒸馏水，移入 1 000 mL 容量瓶中稀释至标线，混匀，保存于聚乙烯瓶中。

（3）配置硼砂标准缓冲溶液（25 ℃时，pH=9.180）。

称取 1.90 g 硼砂（GR，$Na_2B_4O_7 \cdot 10H_2O$，在盛有蔗糖饱和溶液的干燥器中平衡两昼夜），溶于刚煮沸冷却的蒸馏水，移入 500 mL 容量瓶中，稀释至标线，混匀，保存于聚乙烯瓶中。

3. 测量方法

（1）用标准缓冲溶液对 pHS–2 型酸度计进行定位，并将 pHS–2 型酸度计上的选择按钮调至 pH 值挡，如图 1–14 所示。

（2）将被测溶液放在磁力搅拌器上，放入搅拌子，将玻璃电极插入被测溶液，启动磁力搅拌器。

（3）待数据稳定后，记录指示值。

（4）取下被测溶液，清洗玻璃电极。

4. 注意事项

（1）玻璃电极在使用前需预先用蒸馏水浸泡 24 h 以上，注意小心摇动电极，以驱赶玻璃泡中的气泡。

（2）甘汞电极在使用前需要摘掉电动机末端及侧口上的橡胶帽，同玻璃电极一样，电极管中不能留有气泡，并注意添加饱和 KCl 溶液。

（3）pH 值测定仪器，尤其是电极插口处，要注意防潮，以免降低仪器的输入阻抗，影响测量的准确性。

（4）测量结束，及时将电极保护套套上，电极保护套内应放少量外参比补充液，以保护电极球泡的湿润，切勿将电极球泡浸泡在蒸馏水中。

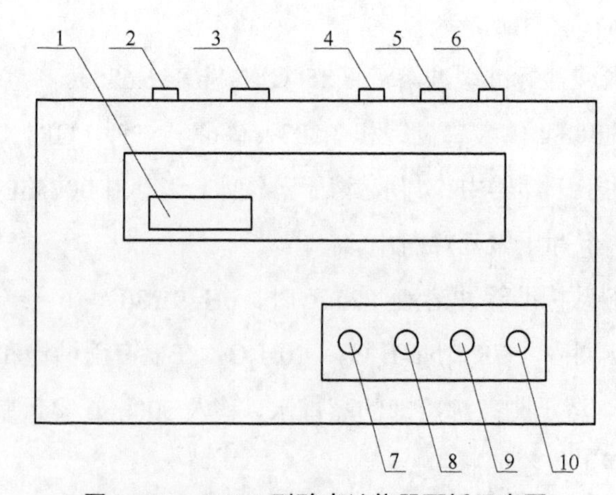

图 1–14　pHS–2 型酸度计仪器面板示意图

1—数字显示屏；2—电源插座；3—电源开关；4—信号输出接口；5—参比电极；6—复合电极接口；7—pH/mV 选择开关；8—定位调节口；9—斜率调节器，校正 pH4（或 pH9）；10—温度补偿器

1.4　离心机及其使用方法

离心机是利用离心力，分离液体与固体颗粒或液体与液体的混合物中各组分的机械。离心机主要用于将悬浮液中的固体颗粒与液体分开；或将乳浊液中两种密度不同，又互不相溶的液体分开（例如从牛奶中分离出奶油）；它也可用于排除湿固体中的液体，例如用洗衣机甩干湿衣服；特殊的超速管式分离机还可分离不同密度的气体混合物；利用不同密度或粒度的固体颗粒在液体中沉降速度不同的特点，有的沉降离心机还可对固体颗粒按密度或粒度进行分级。

目前，实验室常用的电动离心机为转速约 3 000 r/min 的低速实验离心机，如 315 型过滤+沉降一体式实验离心机、100 型实验离心机、200 型实验离心机等。这些离心机设计合理，重心低，安全稳定，在实验的前期试样分析中得到了很大的应用。

1.4.1　离心机操作的具体规程

离心机操作的具体规程为：

（1）打开上盖，检查旋转盘、试管筒及隔架是否安装正确。将目测相等的分离样品对称放入试管内。

（2）盖好上盖，插好电源插头。

（3）打开电源开关，时间和转速显示窗分别显示“00”，风机转动。

（4）选择停机方式。

（5）按时间选择键，设定时间。

（6）设定转速：将转速旋钮旋至所需的转速刻度。

（7）轻按启动键，电动机将均匀地加速到预选转速。

（8）离心机根据设定的时间自动停机，如不需要定时停机，则可直接按停止键进行手动停机。

（9）操作完毕，关闭电源键。

1.4.2 离心机安全注意事项

（1）严禁开盖运转操作。

（2）严禁运转时打开上盖。

（3）严禁超不平衡量运转。

（4）电源插座必须有可靠接地。

（5）离心机进、出口处不得堵塞。

（6）试管（隔架）每周用无腐蚀性清洁液清洗一次，清洗时应先拔下电源插头，取出试管套（隔架）。清洗干净后装入转头（试管筒或挂篮）。

（7）必须拔掉电源插头后再更换熔断器。

1.5 原子吸收分光光度计及其使用方法

按照分析方法所依据的原理，现广泛采用原子吸收分光光度法测定环境中的重金属（使用原子吸收分光光度计进行比色分析）。这种方法具有灵敏、准确、快速及选择性好等特点。

原子吸收分光光度法也称原子吸收光谱法（AAS），简称原子吸收法。该方法具有测定快速、干扰少、应用范围广、可在同试样中分别测定多种元素等特点。测定 Cd、Cu、Pb、Zn 等元素时，可采用：直接吸入火焰原子吸收分光光度法（适用于废水和受污染的水）；萃取或离子交换法富集吸入火焰原子吸收分光光度法（适用于清洁水）；石墨炉原子吸收分光光度法（适用于清洁水，其测定灵敏度高于前两种方法，但基体干扰较火焰原子吸收分光光度法严重）。原子吸收分光光度计主要由光源、原子化系统、分光系统和检测系统4个主要部分组成。

1.5.1　原子吸收分光光度法原理

将含待测元素的溶液通过原子化系统喷成细雾，随载气进入火焰，并在火焰中汽化成基态原子。当空心阴极灯辐射出待测元素的特征波长光通过火焰时，其强度因被火焰中待测元素的基态原子吸收而减弱。在一定实验条件下，特征波长光强的变化与火焰中待测元素基态原子的浓度有定量关系，从而与试样中待测元素的浓度（c）呈线性关系，因此，测定吸光度，就可以求出待测元素的浓度，即：

$$A=kc \tag{1-1}$$

式中　k——常数；

A——待测元素的吸光度。

这说明吸光度与浓度的关系服从比耳定律，这是原子吸收分析的定量依据。

原子化系统是将待测元素转变成原子蒸汽的装置，可分为火焰原子化系统和无火焰原子化系统。火焰原子化系统包括喷雾器、雾化室、燃烧器和火焰及气体供给部分。火焰是将试样雾滴蒸发、干燥并经过热解离或还原作用产生大量基态原子的能源，常用的火焰是空气—乙炔火焰。对用空气—乙炔火焰难以解离的元素，如Al、Be、V、Ti等，可用氧化亚氮—乙炔火焰（最高温度可达 3 300 K）。常用的无火焰原子化系统是电热高温石墨管原子化器，其原子化效率比火焰原子化器高得多，因此可大大提高测定灵敏度。此外，还有氢化物原子化器等。无火焰原子化法的测定精密度比火焰原子化法差。

1.5.2 原子吸收分光光度计测定操作步骤

1. 点火前准备

（1）初始状态：打开电源开关。

（2）灯电流（Ⅱ灯）：顺时针转（此时要打开灯Ⅱ电流按钮），当$I>1$ mA时灯亮，测某元素按表调到相应数值。

（3）通带选择：测哪个元素就选哪个元素对应的值（例如测 Cu，选 2.0 的位置）。

（4）波长旋钮：调到相应元素所需波长，在（波长±0.5）Å[①]的范围内转动旋钮（增益旋钮）使其能量最大。

（5）调节增益旋钮，让能量值在 0.9～1.0。

（6）调节多边旋钮，使其垂直于水平钮，即使能量值调到最大。

（7）再一次调节增益旋钮，使能量值在 0.9～1.0。

上述步骤完成之后，预热 15～30 min，待测。

2. 点火条件和点燃火焰

（1）空气压缩 0.25 MPa，乙炔气压 0.05 MPa。调节空气气压至最大值，点火（先开助燃阀，再开燃气阀）。

（2）预热 15 min，使燃烧达到热平衡（火焰燃烧均匀，无跳动能量点）。

3. 测定

（1）调节能量值至 0.9～1.0，显示转移到吸光度（用消光值按钮显示），这时吸入空白溶液，按一下“自动调零”按钮。

（2）设置快、中、慢和积分时间。

---

① 1Å=1×10^{-10} m。

（3）由低浓度向高浓度依次测定，并记下浓度值及与之对应的吸光度。

（4）测定待测样品值。

（5）绘制标准曲线，在曲线上查得测定样品的实际浓度值。

（6）测定完毕后，用去离子水清洗 10 min。

（7）关闭钢瓶气阀，待完全燃烧后，关闭空气压缩机和电源开关。

4. 注意事项

（1）测定过程中，需不时地添加去离子水（或其他溶液），以免发生抽干现象。

（2）每次测定样品前，都要查看去离子水的值是否为 0.00，而不应是自动调零。

（3）燃气阀、助燃气阀不应开太大，应适当调整上升。

第二部分　实验设计与数据处理

2.1　实验设计简介

2.1.1　实验设计目的

实验设计的目的是选择一种对所研究的特定问题最有效的实验安排，以便用最少的人力、物力和时间获得满足要求的实验结果。它包括：明确实验目的、确定测定参数、确定需要控制或改变的条件、选择实验方法和测试仪器、确定测量的精度要求、实验方案设计和数据处理步骤等。科学合理的实验安排应做到以下几点：

（1）实验次数尽可能少。

（2）实验的数据要便于分析和处理。

（3）通过实验结果的计算、分析和处理，寻找出最优方案，以便确定进一步实验的方向。

（4）实验结果要令人满意、信服。

实验设计是实验研究过程的重要环节，通过实验设计，可以使实验安排在最有效的范围内，以保证通过较少的实验步骤得到预期的实验结果。

2.1.2 实验设计的基本概念

1. 实验方法

通过做实验获得大量的自变量与因变量一一对应的数据，并以此为基础来分析、整理并得到客观规律的方法，称为实验方法。

2. 实验设计

在做实验之前，明确实验目的，找出需要解决的主要问题，并根据实验中的不同问题，利用数学原理科学地安排实验，以便迅速找到最佳的实验方法。

3. 实验指标

在实验设计中用来衡量实验效果好坏所采用的标准称为实验指标，简称指标。例如，在进行地面水的混凝实验时，为了确定最佳投药量和最佳 pH 值，以更好地降低水中的浊度，选定水样中的浊度作为评定比较各次实验效果好坏的标准，即浊度是混凝实验的指标。

4. 因素

对实验指标有影响的条件称为因素。有一类因素，在实验中可以人为地加以调节和控制，称为可控因素。例如，在采用碱液吸收法净化气体中的 SO_2 的实验中，吸收液的流量和气体的流量可以通过控制阀调节，属于可控因素。另一类因素，由于自然条件和设备等条件的限制，暂时还不能人为地加以调节和控制，称为不可控因素。例如，气温、风对沉淀效率的影响都属于不可控因素。在实验设计中，一般只考虑可控因素。因此，如没有特别说明，那么提到的因素均是指可控因素。在实验中，影响因素通常不止一个，但我们往往不是对所有的因素都加以考察。固定在某一状态上，只考察一个因素的实验，称为单因素实验；考察两个因素的实验称为双因素实验；考察两个以上因素的实验称为多因素实验。

5. 水平

因素的各种变化状态称为因素的水平。某个因素在实验中需要考察它的几种状态，就称它是几水平的因素。因素在实验中所处状态（即水平）的变化，可能引起指标的变化。例如，在污泥厌氧消化实验时需要考察 3 个因素——温度、泥龄和负荷率，温度因素可选择为 25 ℃、30 ℃、35 ℃，这里的 25 ℃、30 ℃、35 ℃就是温度因素的 3 个水平。

因素的水平有的能用数量表示（如温度），有的不能用数量表示。根据因素是否可以用数量来表示，可将其分为两种：定量因素和定性因素。因素的各个水平能用数量来表示的，称为定量因素（如温度）；不能用数量来表示的，称为定性因素。例如，在采用不同混凝剂进行印染废水脱色实验时，要研究哪种混凝剂较好，在这里各种混凝剂就表示混凝剂这个因素的各个水平，不能用数量表示。再如，在采用吸收法净化气体中 SO_2 的实验中，可以采用 NaOH 或 Na_2CO_3 溶液为吸收剂，这时 NaOH 和 Na_2CO_3 就分别为吸收剂这一因素的两个水平。定性因素在多因素实验中会经常出现，对于定性因素，只要对每个水平规定具体含义，就可与定量因素一样对待。

2.1.3 实验设计的应用

在生产和科学研究中，实验设计方法已得到广泛应用，概括地说，包括 3 方面的应用：

（1）在生产过程中，人们为了达到优质、高产和低消耗等目的，常需要对有关因素的最佳点进行选择，一般是通过实验来寻找这个最佳点。实验的方法很多，为了能够迅速地找到最佳点，需要通过实验设计，合理安排实验点。例如，混凝剂是水净化常用的化学药剂，其投加量会因具体情况的不同而不同，因此，常需要多次实验确定最佳投药量，此时便可以通过实验设计来减少实验的工作量。

（2）估算数学模型中的参数时，在实验前，若通过实验设计合理安排实验点、确定变量及其变化范围等，则可以使我们以较少的时间获得较精确的参数。

（3）当可以用几种型式描述某一过程的数学模型时，常需要通过实验来确定哪一种是较恰当的模型（即竞争模型的筛选），此时也需要通过实验设计来保证实验提供的信息的可靠性，以便正确地进行模型筛选。

2.1.4　实验设计的步骤

进行实验方案设计的步骤如下：

（1）明确实验目的，确定实验指标。

研究对象是需要解决的问题，一般不止一个。例如，在进行混凝效果的研究时，要解决的问题有最佳投药量问题、最佳 pH 值问题和水流速度梯度问题。我们不可能通过一次实验把所有这些问题都解决，因此，实验前应首先确定这次实验的目的究竟是解决哪一个或者哪几个主要问题，然后确定相应的实验指标。

（2）挑选因素。

在明确实验目的和确定实验指标后，要分析研究影响实验指标的因素，从所有的影响因素中排除那些影响不大，或者已经掌握的因素，让它们固定在某一状态上，挑选那些对实验指标可能有较大影响的因素进行考察。例如，在进行 BOD 模型的参数估计时，影响因素有温度、菌种数、硝化作用和时间等，通常是把温度和菌种数控制在一定状态上，并排除硝化作用的干扰，只通过考察 BOD 随时间的变化来估计参数。

（3）选定实验设计方法。

因素选定后，可根据研究对象的具体情况决定选用哪一种实验设计方法。

例如，对于单因素问题，应选用单因素实验设计法；3 个以上因素的问题，可以用正交实验设计法；若要进行模型筛选或确定已知模型的参数估计，可采用序贯实验设计法。

（4）实验安排。

上述问题都解决后，便可以进行实验点位置安排，开展具体的实验工作。

下面介绍单因素实验设计、双因素实验设计、正交实验设计及响应法实验设计的部分基本方法，原理部分可根据需要参阅有关书籍。

2.2 单因素实验设计

单因素实验指只有一个影响因素的实验，或影响因素虽多，但在安排实验时只考虑一个对指标影响最大的因素，其他因素尽量保持不变的实验。在单因素实验中，主要任务是如何选择实验方案来安排实验，找出最优实验点，使实验的结果（指标）最好。

单因素实验设计方法有 0.618 法（黄金分割法）、对分法、分数法、均分法、爬山法和抛物线法等。前 3 种方法可以用较少的实验次数迅速找到最佳点，适用于一次只能出一个实验结果的问题。对分法效果最好，每做一个实验就可以去掉实验范围的一半。分数法应用较广，因为它还可以应用于实验点只能取整数或某特定数，以及限制实验次数和精确度的情况。均分法适用于一次可以同时得出许多个实验结果的问题。爬山法适用于研究对象不适宜或者不易大幅度调整的问题。

2.2.1 均分法

当完成实验需要较长时间，或者测试一次要花很大代价，而每次同时测试几个样品和测试一个样品所花的时间、人力或费用相近时，采用均分法较好，因为每批实验都可被均匀地安排在实验范围内。例如每批要做 4 个实验，我们可以先将实验范围（a，b）均分为 5 份，在其 4 个分点 x_1，x_2，x_3，x_4处做 4 个实验，将 4 个实验样品同时进行测试分析，如果 x_3符合实验要求，则去掉小于 x_2和大于 x_4的部分，留下（x_2，x_4）。然后将留下部分再均分成 5 份，在这个范围内的 4 个分点上做实验，这样一直做下去，把多次实验结果进行比较，选出所需要的最优结果，相对应的实验点即为实验中最优点。

均分法是一种比较传统的实验方法。其优点是只需把实验放在等分点上，实验可以同时安排，也可以一个接一个地安排；缺点是实验次数较多，代价较大。

2.2.2　对分法

采用对分法时，首先要根据经验确定实验范围。设实验范围为（a，b），第一次实验点安排在（a，b）的中点 x_1［x_1=（a+b）/2］，若实验结果表明 x_1取大了，则丢去大于 x_1的一半，第二次实验点安排在（a，x_1）的中点 x_2［x_2=（a+x_1）/2］。反之，如果第一次实验结果表明 x_1取小了，则丢去小于 x_1的一半，第二次实验点就取在（x_1，b）的中点。这个方法的优点是，每做一次实验便可以去掉实验范围的一半，且取点方便。对分法适用于预先已经了解所考察因素对指标的影响规律，能够从一个实验的结果直接分析出该因素的值是取大或取小的情况。例如，确定消毒时加入氯的量的实验，可以采用对分法。

2.2.3　0.618 法

单因素实验设计法中，对分法的优点是每次实验都可以将实验范围缩小一半，缺点是要求每次实验都能确定下次实验的方向。有些实验不能满足这个要求，因此，对分法的应用会受到限制。

科学实验中，有相当普遍的一类实验，目标函数只有一个峰值，在峰值的两侧实验效果都差，将这样的目标函数称为单峰函数。

0.618 法适用于目标函数为单峰函数的情形。其做法如下：设实验范围为［a，b］，第一次实验的 x_1 选在实验范围的 0.618 位置上，即：$x_1=a+0.618(b-a)$。

第二次实验点选在点 x_1 的对称点 x_2 处，即实验范围的 0.382 位置上，即：$x_2=a+0.382(b-a)$。

设 $f(x_1)$ 和 $f(x_2)$ 表示 x_1 与 x_2 两点的实验结果，且 $f(x)$ 值越大，效果越好，则存在以下 3 种情况：第一，如果 $f(x_1)$ 比 $f(x_2)$ 好，那么根据“留好去坏”原则，去掉实验范围［a，x_2）部分，在剩余范围［x_2，b］内继续做实验；第二，如果 $f(x_1)$ 比 $f(x_2)$ 差，那么根据“留好去坏”原则，去掉实验范围（x_1，b］部分，在剩余范围［a，x_1］内继续做实验；第三，如果 $f(x_1)$ 与 $f(x_2)$ 实验效果一样，则去掉两端，在剩余范围［x_2，x_1］内继续做实验。

根据单峰函数性质，上述 3 种做法都可使好点留下，去掉部分坏点，不会发生最优点丢掉的情况。

对于上述 3 种情况，继续做实验，取 x_3 时，则有：

在第一种情况下，即剩余实验范围为［x_2，b］时，用下述公式计算新的实验点 x_3；

$$x_3 = x_2 + 0.618(b - x_2) \tag{2–1}$$

在第二种情况下，即剩余实验范围为［a，x_1］时，用下述公式计算新的实验点 x_3；

$$x_3 = a + 0.382(x_1 - a) \tag{2–2}$$

在第三种情况下，即剩余实验范围为［x_2，x_1］时，用下述两公式计算两个新的实验点 x_3 和 x_4，并在实验点 x_3 和 x_4 安排两次新的实验。

$$x_3 = x_2 + 0.618(x_1 - x_2) \tag{2–3}$$

$$x_4 = x_2 + 0.382(x_1 - x_2) \tag{2–4}$$

无论出现上述 3 种情况中的哪一种，在新的实验范围内都有两个实验点的实验结果，可以进行比较。此时，仍然按照“留好去坏”原则，去掉实验范围的一段或两段，这样反复做下去，直至找到满意的实验点，得到比较好的实验结果为止，或实验范围已很小，再做下去，实验结果差别不大，即可停止实验。

例如：为降低水中的浑浊度，需要加入一种药剂，已知其最佳加入量为1 000～2 000 g之间的某一点，现在要通过做实验找到它，按照0.618法选点，先在实验范围的0.618处做第1项实验，这一点的加入量可由公式计算得：

$$x_1 = 1\,000 + 0.618 \times (2\,000 - 1\,000) = 1\,618\ (\text{g})$$

再在实验范围的0.382处做第2次实验，这一点的加入量可由公式计算得：

$$x_2 = 1\,000 + 0.382 \times (2\,000 - 1\,000) = 1\,382\ (\text{g})$$

比较两次实验结果，如果x_1点较x_2点好，则去掉1 382 g以下的部分，然后在留下部分再用上述公式找出第3个实验点x_3，在点x_3做第3次实验，可得出这一点的加入量为1 764 g。

如果仍然是x_1点较好，则去掉1 764 g以上的一段，留下部分按同样方法以公式计算得出第4个实验点x_4，在点x_4做第4次实验，x_4的加入量为1 528 g。

反之，如果x_4比x_1点好，则去掉1 618～1 764 g这一段，留下部分按同样方法继续做下去，如此重复，最终即能找到最佳点。

总之，0.618法简单易行，对每个实验范围都可计算出两个实验点进行比较，好点留下，从坏点处把实验范围切开，丢掉短而不包括好点的一段，依此来缩小实验范围。在新的实验范围内，再用上述两公式算出两个实验点，其中一个就是刚才留下的好点，另一个是新的实验点。应用此法每次可以去掉实验范围的0.382，可以用较少的实验次数迅速找到最优点。

2.2.4　分数法

分数法又叫菲波那契数列法，它是利用菲波那契数列进行单因素优化实验设计的一种方法。当实验点只能取整数，或者限制实验次数的情况下，采用分数法较好。例如，如果只能做一次实验，就在1/2处做，其精确度为1/2，即这一点与实际最佳点的最大可能距离为1/2。如果只能做两次实验，那么第一次实验在2/3处做，第二次在1/3处做，其精确度为1/3。如果能做三次实验，则第一次在3/5处做实验，第二次在2/5处做，第三次在1/5或4/5处做，其精确度为1/5……以此类推，做n次实验，其实验点位置就在实验范围内的F_n/F_{n+1}

处，其精度为 $1/F_{n+1}$，如表 2–1 所示。

表 2–1 分数法实验点位置与精确度

实验次数/次	2	3	4	5	6	7	…	n
等分实验范围的份数	3	5	8	13	21	34	…	F_{n+1}
第一次实验点的位置	2/3	3/5	5/8	8/13	13/21	21/34	…	F_n/F_{n+1}
精确度	1/3	1/5	1/8	1/13	1/21	1/34	…	$1/F_{n+1}$

表中的 F_n 及 F_{n+1} 叫作“菲波那契数”，它们可由下列递推公式确定：

$$F_0 = F_1 = 1, \cdots, F_n = F_{n-1} + F_{n-2} (n = 2, 3, 4, \cdots) \tag{2–5}$$

由此得：

$$F_2=F_1+F_0=2，F_3=F_2+F_1=3，F_4=F_3+F_2=5，\cdots，F_{n+1}=F_n+F_{n-1}$$

因此，表 2–1 第三行中，从分数 2/3 开始，以后的每一个分数，其分子都是前一个分数的分母，而其分母都是等于前一个分数的分子与分母之和，照此方法不难写出所需要的第一次实验点位置。

分数法各实验点的位置，可用下列公式求得：

$$\text{第一个实验点} = [\text{大数(右端点值)} - \text{小数(左端点值)}] \times \left(\frac{F_n}{F_{n+1}}\right) + \text{小数} \tag{2–6}$$

$$\text{新实验点} = (\text{大数} - \text{中数}) + \text{小数} \tag{2–7}$$

式中 中数——已试的实验点数值。

上述两式推导如下：首先由于第一个实验点 x_1 取在实验范围内的 F_n/F_{n+1} 处，所以 x_1 与实验范围左端点（小数）的距离等于实验范围总长度的 F_n/F_{n+1} 倍，即：

$$\text{第一个实验点} - \text{小数(左端点值)} = [\text{大数(右端点值)} - \text{小数(左端点值)}] \times F_n/F_{n+1}$$

移项后，即得式（2–6）。

又由于新实验点（x_2，x_3，…）安排在余下范围内与已做过实验的实验点相对称的点上，因此，不仅新实验点到余下范围的中点的距离等于已做过实验的实验点到中点的距离，而且新实验点到左端点（小数）的距离也等于已做过实验的实验点到右端点（大数）的距离（图 2–1），即：

新实验点–左端点=右端点–已做过实验的实验点

移项后即得式（2–7）。

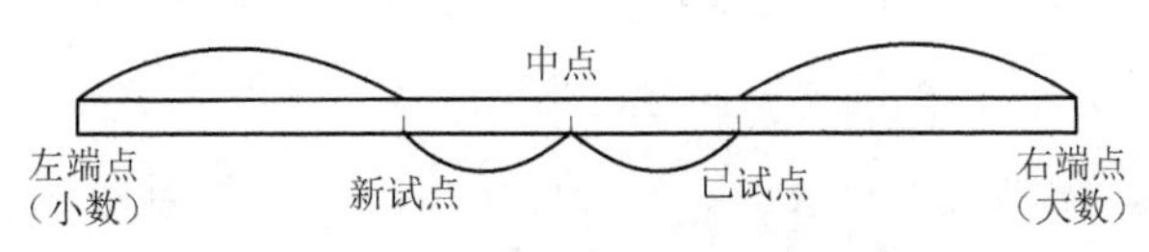

图 2–1　分数法试验点位置示意图

下面以一具体例子说明分数法的应用。

某污水厂准备投加三氯化铁改善污泥的脱水性能，根据初步调查，得知投药量在 160 mg/L 以下，要求通过 4 次实验确定出最佳投药量。具体计算方法如下：

（1）根据式（2–6）可得到第一个实验点位置，即：

$$(160-0)\times 5/8+0=100\ (\text{mg/L})$$

（2）根据式（2–7）得到第二个实验点位置，即：

$$160-100+0=60\ (\text{mg/L})$$

（3）假定第一点比第二点好，所以在 60～160 之间找第三点，弃去 0～60 这段，即：

$$160-100+60=120\ (\text{mg/L})$$

（4）第三点与第一点结果一样，此时可用对分法进行第四次实验，即在（100+120）/2=110 mg/L 处进行实验，得到的效果最好。

2.3　双因素实验设计

对于双因素问题，往往采取把两个因素变成一个因素的办法（即降维法），也就是先固定第一个因素，做第二个因素的实验，然后固定第二个因素再做第一个因素的实验。这里介绍两种双因素实验设计。

2.3.1 从好点出发法

这种方法是先把一个因素，例如，x 固定在实验范围内的某一点 x_1（0.618点处或其他点处），然后用单因素实验设计对另一因素 y 进行实验，得到最佳实验点 A_1（x_1，y_1），再把因素 y 固定在好点 y_1 处，用单因素实验设计方法对因素 x 进行实验，得到最佳点 A_2（x_2、y_1）。如果 $x_2<x_1$，因为 A_2 比 A_1 好，则可以去掉大于 x_1 的部分；如果 $x_2>x_1$，则去掉小于 x_1 的部分。然后，在剩下的实验范围内，再从好点 A_2 出发，把因素 x 固定在 x_2 处，对因素 y 进行实验，得到最佳实验点 A_3（x_2、y_2），于是再沿直线 $y=y_1$，把不包含 A_2 的部分范围去掉，这样继续下去，能较好地找到需要的最佳点，见图 2–2。

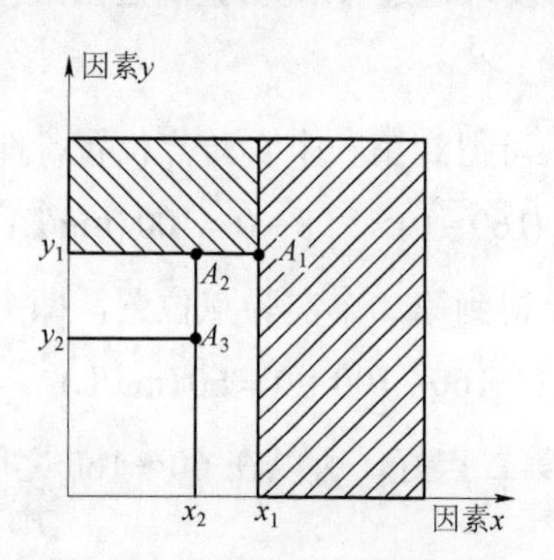

图 2–2 从好点出发法示意图

这个方法的特点是：对某一因素进行实验选择最佳点时，另一个因素都是固定在上次实验结果的好点上（第一次除外）。

2.3.2 并行线法

如果双因素问题的两个因素中有一个因素不易改变，则宜采用并行线法，如图 2–3 所示。具体方法如下：

设因素 y 不易调整，我们就把 y 先固定在其实验范围的 0.5（或 0.618）处，过该点做平行于 x 轴的直线，并用单因素实验设计方法找出另一因素 x 的最佳

点 A_1。再把因素 y 固定在 0.250 处，用单因素实验设计方法找出因素 x 的最佳点 A_2。比较 A_1 和 A_2，若 A_1 比 A_2 好，则沿直线 y=0.250 将下面的部分去掉，然后在剩下的范围内再用对分法找出因素 y 的第三点 0.625，第三次实验将因素 y 固定在 0.625 处，用单因素法找出因素 x 的最佳点 A_3，若 A_1 比 A_3 好，则也可将直线 y=0.625 以上的部分去掉。这样一直做下去，就可以找到满意的结果。

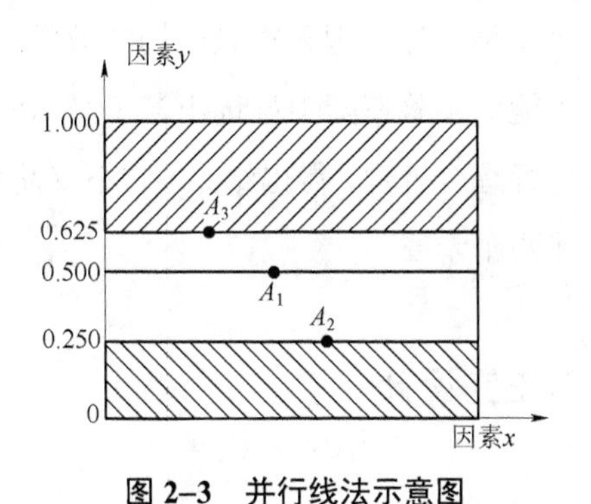

图 2–3　并行线法示意图

例如，混凝效果与混凝剂的投加量、pH 值、水流速度梯度 3 个因素有关。根据经验分析，主要的影响因素是混凝剂的投加量和 pH 值，因此，可以根据经验把水流速度梯度固定在某一水平上，之后，用双因素实验设计法选择实验点进行实验。

2.4　正交实验设计

在生产和科学研究中遇到的问题，一般都是比较复杂的，包含多种因素，且各个因素又有不同的状态，它们往往互相交织、错综复杂。要解决这类问题，常常需要做大量实验。例如，某工业废水欲采用厌氧消化处理，经过分析研究后，决定考察 3 个因素（如温度、时间、负荷率），而每个因素又可能有 3 种不同的状态（如温度因素为 25 ℃、30 ℃、35 ℃ 3 个水平），它们之间可能有 3^3=27 种不同的组合，也就是说，要经过 27 次实验后才能知道哪一种组合最好。显然，这种全面进行实验的方法，不但费时、费钱，有时甚至是不可能实现的。

对于这样的一个问题，如果我们采用正交设计法安排实验，只要经过 9 次实验便能得到满意的结果。对于多因素问题，采用正交实验设计可以达到事半功倍的效果，这是因为我们可以通过正交设计合理地挑选和安排实验点，较好地解决多因素实验中的两个突出问题：（1）全面实验的次数与实际可行的实验次数之间的矛盾。（2）实际所做的少数实验与要求掌握的事物的内在规律之间的矛盾。

正交实验设计法是一种研究多因素实验问题的数学方法，它主要是使用正交表这一工具从所有可能的实验搭配中挑选出若干必需的实验，然后再用统计分析方法对实验结果进行综合处理，得出结果。它不仅简单易行、计算表格化，而且科学地解决了上述两个矛盾。

2.4.1 正交表与正交设计

1. 正交表

正交表用于正交设计法安排实验。它是正交实验设计中合理安排实验，以及对数据进行统计分析的工具。正交表都以统一的记号形式表示。如 L_4（2^3），字母 L 代表正交表 L，L 右下角的数字“4”表示正交表有 4 行，即要安排 4 次实验，括号内的指数“3”表示表中有 3 列，即最多可以考察 3 个因素，括号中的底数“2”表示表中每列有 1 和 2 两种资料，即安排实验时，被考察的因素有两种水平（1 和 2），称为 1 水平与 2 水平。如表 2–2 和图 2–4 所示。

表 2–2 L_4（2^3）正交表

实验号	列号		
	1	2	3
1	1	1	1
2	1	2	2
3	2	1	2
4	2	2	1

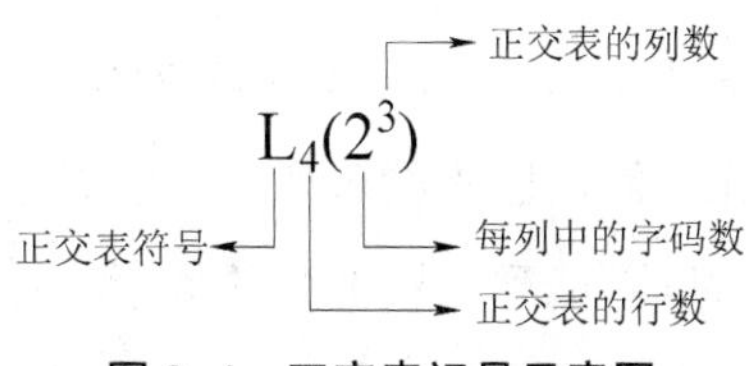

图 2–4　正交表记号示意图

如果被考察各因素的水平不同，则应采用混合型正交表，其表示方式略有不同。如 L_8（4×2^4），它表示有 8 行（即要做 8 次实验）、5 列（即有 5 个因素），而括号内的第一项“4”表示被考察的第一个因素是 4 水平，在正交表中位于第一列，这一列由 1、2、3、4 四种数字组成。括号内第二项的指数“4”表示另外还有 4 个考察因素，底数“2”表示后 4 个因素是 2 水平，即后 4 列由 1、2 两种数字组成。用 L_8（4×2^4）安排实验时，最多可以考察一个具有 5 因素的问题，其中一个因素为 4 水平，另外 4 个因素为 2 水平，共要做 8 次实验。

2. 正交表的特点

（1）每一列中，不同的数字出现的次数相等。如上表中不同的数字只有两个，即 1 和 2，它们各出现两次。

（2）任意两列中，将同一横行的两个数字看成有序数对（即按左边的数在前，右边的数在后，排出的数对）时，每种数对出现的次数相等。表 2–2 中有序数对共有 4 种：（1，1）、（1，2）、（2，1）、（2，2），它们各出现一次。

凡满足上述两个性质的表就称为正交表。

3. 正交实验设计中安排多因素实验的步骤

（1）明确实验目的，确定实验指标。

根据工程实际，明确本次实验要解决的问题，同时，要结合工程实际选用能定量、定性表达的突出指标作为实验分析的评价指标。指标可能有一个，也可能有几个。

（2）挑因素选水平，列出因素水平表。

影响实验成果的因素很多，但是，我们不是对每个因素都进行考察。例如，对于不可控因素，由于无法测出因素的数值，因而看不出不同水平的差别，难以判断该因素的作用，所以不能列为被考察的因素。对于可控因素则应挑选那些对指标可能影响较大，但又没有把握的因素来进行考察。特别注意，不能把重要因素固定住（即固定在某一状态上不进行考察）。

对于选出的因素，可以根据经验定出它们的实验范围，在此范围内选出每个因素的水平，即确定水平的个数和各个水平的数量。水平选定后，便可列成因素水平表。例如，某污水厂进行污泥厌氧消化实验，经分析后决定对温度、泥龄、投配率 3 个因素进行考察，并确定各因素均为 2 水平和每个水平的数值。此时可以列出因素水平表，见表 2–3。

表 2–3　污泥厌氧消化实验因素水平

水平	因　素		
	温度/℃	泥龄/d	污泥投配率/%
1	25	5	5
2	35	10	8

（3）选用正交表。

常用的正交表有几十个，究竟选用哪个正交表，需要经过综合分析才能决定，一般是根据因素和水平的多少、实验工作量大小和允许条件确定。实际安排实验时，挑选因素、水平和选用正交表等步骤有时是结合进行的。例如，根据实验目的，选好 4 个因素，如果每个因素取 4 个水平，则需用 $L_{16}(4^4)$ 正交表，即要做 16 次实验。但是由于时间和经费上的原因，希望减少实验次数，因此，改为每个因素 3 水平，即改用 $L_9(3^4)$ 正交表，做 9 次实验就够了。

（4）表头设计。

表头设计就是根据实验要求，确定各因素在正交表中的位置，如表 2–4 所示。

表 2–4　污泥厌氧消化实验的表头

因素	温度/℃	泥龄/d	污泥投配率/%
列号	1	2	3

（5）列出实验方案。

根据表头设计，结合表 2–2 和表 2–3，即得污泥厌氧消化实验方案，如表 2–5 所示。

表 2–5　污泥厌氧消化实验方案

实验号	因素（列号）			
	A 温度/℃	B 泥龄/d	C 污泥投配率/%	实验指标 产气量/（L · kg COD^{-1}）
1	25（1）	5（1）	5（1）	
2	25（1）	10（2）	8（2）	
3	35（2）	5（1）	8（2）	
4	35（2）	10（2）	5（1）	

4. 实验结果的分析——直观分析法

通过实验获得大量实验数据后，如何科学地分析这些数据，从中得到正确的结论，是实验设计不可分割的组成部分。

正交实验设计中的数据分析需要解决以下问题：

（1）挑选的因素中，哪些因素影响大，哪些影响小，各因素对实验目的的影响的主次关系如何。

（2）各影响因素中，哪个水平能得到满意的结果，从而找到最佳的管理运行条件。

直观分析法是一种常用的分析实验结果的方法，其具体步骤如下。

以正交表 L_4（2^3）为例，其中各数字以符号 L_n（f^m）表示，见表 2–6。

（1）填写实验指标。

表 2–6 是采用直观分析法时的实验结果分析示例。实验结束后，应归纳各

组实验资料，求出相应的评价指标值 yi，填入表中的实验结果（实验指标）栏中，并找出最好的一个实验结果，计算实验指标的总和填入表内。

表 2–6　L_4（2^3）表的实验结果分析

实验号	列号			
	1	2	3	实验结果（实验指标）
1	1	1	1	y_1
2	1	2	2	y_2
3	2	1	2	y_3
4	2	2	1	y_4
k_1				
k_2				$\sum_{i=1}^{n} yi$
$\overline{k}_1$				
$\overline{k}_2$				N=实验组数
R				

例如：将前述某污水厂厌氧消化实验所取得的 4 次产气量结果填入表 2–7 中，找出第 3 号实验的产气量（最高，为 817），它的实验条件是 A2BlC2，并将产气量的总和 2 854（2 854=627+682+817+729）也填入表内。

表 2–7　厌氧消化实验结果分析

实验号	列　号			
	A 温度/℃	B 泥龄/d	C 污泥投配率/%	实验指标 产气量/（L·kg COD^{-1}）
1	25（1）	5（1）	5（1）	627
2	25（1）	10（2）	8（2）	682
3	35（2）	5（1）	8（2）	817
4	35（2）	10（2）	5（1）	728
k_1	1 309	1 444	1 355	
k_2	1 545	1 410	1 499	2 854
$\overline{k}_1$	654.5	722	677.5	
$\overline{k}_2$	772.5	705	749.5	
R	118	17	72	

（2）计算各列的 k_i、$\overline{k_i}$ 和 R 值，并填入表 2–7 中。

k_i（第 m 列）=第 m 列中数字与“i”对应的指标值之和；

$\overline{k_i}$（第 m 列）=k_i（第 m 列）/第 m 列中“i”水平的重复次数；

R（第 m 列）=第 m 列的 $\overline{k_1}$，$\overline{k_2}$，…中最大值减去最小值之差。

R 称为极差，极差是衡量数据波动大小的重要指标，极差越大的因素越重要。

例如：表 2–7 的第 1 列中与（1）和（2）相对应的实验指标分别为 627、682 和 817、728，所以有：

k_1（第 1 列）=627+682=1 309（L/kgCOD）

k_2（第 1 列）=817+728=1 545（L/kgCOD）

表 2–7 中第 1 列中的水平（1）和（2）重复次数均为 2 次，所以有：

$\overline{k_1}$（第 1 列）=k_1（第 1 列）/2=1 309/2=654.5（L/kgCOD）

$\overline{k_2}$（第 1 列）=k_2（第 1 列）/2=1 545/2=772.5（L/kgCOD）

R（第 1 列）=772.5–654.5=118（L/kgCOD）

（3）作因素与实验指标的关系图。

以实验指标的 $\overline{k}$ 为纵坐标，因素水平为横坐标作图。该图反映了在其他因素基本上是相同变化的条件下，该因素与实验指标的关系。

例如：表 2–7 中所列的 k 与 A、B、C 三因素的关系可绘得图 2–5。

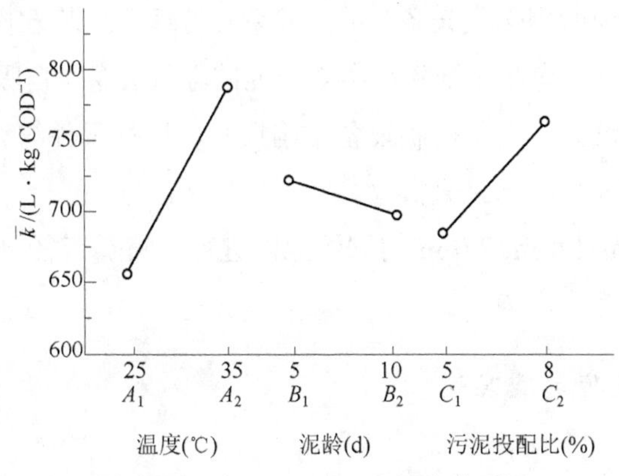

图 2–5　k 与 A、B、C 三因素关系图

从图 2–5 中可以很直观地看出 3 因素中，对产气量影响最大的是温度，影响最小的是泥龄。

（4）比较各因素的极差 R，排出因素的主次顺序。

例如：根据表 2–7，厌氧消化过程中影响产气量大小的 3 因素的主次顺序依次是：温度、污泥投配率、泥龄。

应该注意，实验分析得到的因素的主次、水平的优劣，都是相对于某具体条件而言。在一次实验中是主要因素，在另一次实验中，由于条件变了，就可能成为次要因素。反过来，原来次要的因素，也可能由于条件的变化而转化为主要因素。

5. 选取较好的水平组

从表 2–7 中可以看到，4 个实验中产气量最高的操作条件是 A_2、B_1、C_2，通过计算分析找出的最优操作条件也是 A_2、B_1、C_2。因此，可以认为 A_2、B_1、C_2 是一组最优操作条件。如果计算分析结果与按实验安排进行实验后得到的结果不一致，则应将各自得到的最优操作条件再各做两次实验加以验证，最后确定哪一组操作条件最优。

2.4.2 正交实验分析举例

污水生物处理所用曝气设备，不仅关系到处理厂站基建投资，还关系到运行费用，因而国内外均在研制新型高效节能的曝气设备。自吸式射流曝气设备是一种新型曝气设备，为了研制设备结构尺寸、运行条件与充氧性能的关系，拟用正交实验法进行清水充氧实验。

实验在 1.6 m×1.6 m×7.0 m 的钢板池内进行，喷嘴直径 d=20 mm（整个实验中的部分）。

1. 实验方案确定及实验

（1）实验目的。

实验是为了找出影响曝气装置充氧性能的主要因素并确定较理想的设备

结构尺寸和运行条件。

（2）挑选因素。

影响充氧性能的因素较多，根据有关文献资料及经验，主要考察射流器本身的结构：一个是射流器的长径比，即混合阶段的长度 L 与其直径 D 之比 L/D；另一个是射流器的面积比，即混合阶段的断面面积与喷嘴面积之比

$$m=\frac{F_2}{F_1}=\frac{D^2}{d^2} \tag{2-8}$$

而对射流器运行条件，主要考察喷嘴工作压力 p 和曝气水深 H。

（3）确定各因素的水平。

为了能减少实验次数，又能说明问题，因此，每个因素选用 3 个水平。根据有关资料，可得结果如表 2–8 所示。

表 2–8　实验因素水平表

项目	因素			
	1	2	3	4
内容	水深 H/m	压力 p/MPa	面积比 m/%	长径比（L/D）/%
水平	1，2，3	1，2，3	1，2，3	1，2，3
数值	4.5，5.5，6.5	0.1，0.2，0.25	9.0，4.0，6.3	60，90，120

（4）确定实验评价指标。

本实验以充氧动力效率为评价指标。充氧动力效率指曝气设备所消耗的理论功率为 1 kW・h 时，向水中充入氧的数量，以 kg/（kW・h）计。该值将曝气供氧与所消耗的动力联系在一起，是一个具有经济价值的指标，它的大小将影响到活性污泥处理厂站的运行费用。

（5）选择正交表。

根据以上所选择的因素与水平，确定选用 $L_9(3^4)$ 正交表，见表 2–9。

表 2–9 $L_9(3^4)$ 正交实验表

实验号	列号			
	1	2	3	4
1	1	1	1	1
2	1	2	2	2
3	1	3	3	3
4	2	1	3	3
5	2	2	3	1
6	2	3	1	2
7	3	1	3	2
8	3	2	1	3
9	3	3	2	1

（6）确定实验方案。

根据已定的因素、水平及选用的正交表，如果可以实现因素顺序上列和水平对号入座，则得出正交实验方案表 2–10。

表 2–10 正交实验方案表 $L_9(3^4)$

实验号	因子			
	水深 H/m	压力 p/MPa	面积比 m/%	长径比（L/D）/%
1	4.5	0.10	9.0	60
2	4.5	0.20	4.0	90
3	4.5	0.25	6.3	120
4	5.5	0.10	4.0	120
5	5.5	0.20	6.3	60
6	5.5	0.25	9.0	90
7	6.5	0.10	6.3	90
8	6.5	0.20	9.0	120
9	6.5	0.25	4.0	60

根据表 2–10，确定实验条件，可知共需完成 9 次实验，每组具体实验条件如表中 1，2，…，9 各横行所示。第一次实验在水深 4.5 m，喷嘴工作压力 p= 0.10 MPa，面积比 $m=D_2/d_2$=9.0，长、径比 L/D=60 的条件下进行。

2. 实验结果直观分析

正交实验结果及直观分析如表 2–11 所示，具体步骤如下所示。

（1）填写评价指标。

将每一实验条件下的原始数据，通过数据处理后求出动力效率，并计算算术平均值，填写在相应的栏内。

（2）计算各列的 k、$\bar{k}$ 及极差 R。

如计算 H 这一列的因素时，各水平的 k 值如下：

第一个水平

$$k_{4.5}=1.03+0.89+0.88=2.80$$

第二个水平

$$k_{5.5}=1.30+1.07+0.77=3.14$$

第三个水平

$$k_{6.5}=0.83+1.11+1.01=2.95$$

其均值 $\bar{k}$ 分别为

$$\bar{k}_{11}=2.80/3=0.93$$

$$\bar{k}_{12}=3.14/3=1.05$$

$$\bar{k}_{13}=2.95/3=0.98$$

极差 R_1=1.05–0.93=0.12，依此分别计算 2、3、4 列，结果如表 2–11 所示。

表 2–11　正交实验结果及直观分析

实验号	因　子				
	水深 H/m	压力 p/MPa	面积比 m/%	长径比（L/D）/%	E_p/[kg·（kW·h）$^{-1}$]
1	4.5	0.10	9.0	60	1.03
2	4.5	0.20	4.0	90	0.89
3	4.5	0.25	6.3	120	0.88
4	5.5	0.10	4.0	120	1.30
5	5.5	0.20	6.3	60	1.07
6	5.5	0.25	9.0	90	0.77

续表

实验号	因子				
	水深 H/m	压力 p/MPa	面积比 m/%	长径比（L/D）/%	E_p/[kg·（kW·h）$^{-1}$]
7	6.5	0.10	6.3	90	0.83
8	6.5	0.20	9.0	120	1.11
9	6.5	0.25	4.0	60	1.01
k_1	2.80	3.16	2.91	3.11	
k_2	3.14	3.07	3.20	2.49	$\sum E_p = 8.89$
k_3	2.95	2.66	2.78	3.29	
$\overline{k}_1$	0.93	1.05	0.97	1.04	
$\overline{k}_2$	1.05	1.02	1.07	0.83	$\mu = \frac{\sum E_p}{9} = 0.99$
$\overline{k}_3$	0.98	0.89	0.93	1.10	
R	0.12	0.16	0.14	0.27	

（3）成果分析。

① 由表中极差大小可见，影响射流曝气设备充氧效率的因素的主次顺序依次为 $L/D \to P \to m \to H$。

② 由表中各因素水平值的均值可见，各因素中较佳的水平条件分别为：L/D=120；p=0.1 MPa；m=4.0；H=5.5 m。

2.5 响应曲面法实验设计

响应曲面法（Response Surface Methodology，RSM），是数学方法和统计方法结合的产物，用来对感兴趣的响应受多个变量影响的问题进行建模和分析，最终达到优化该响应值的目的。其是利用合理的实验设计方法并通过实验得到一定数据，采用多元二次回归方程来拟合因素与响应值之间的函数关系，通过对回归方程的分析来寻求最优工艺参数，解决多变量问题的一种统计方法。

响应曲面法的适用范围：① 确信或怀疑因素对指标存在非线性影响；② 因素个数为 2～7 个，一般不超过 4 个；③ 所有因素均为计量值数据；④ 实验区域已接近最优区域；⑤ 基于 2 水平的全因子正交实验。

响应曲面法的优点：考虑了实验随机误差；响应曲面法将复杂的未知函数关系在小区域内用简单的一次或二次多项式模型拟合，计算比较简单，可降低开发成本、优化加工条件、提高产品质量，是解决生产过程中的实际问题的一种有效方法；与前面的正交实验相比，其优势是在实验条件优化过程中，可以连续地对实验的各个水平进行分析，而正交实验只能对一个个孤立的实验点进行分析。

响应曲面法的局限性在于，在使用响应曲面法分析数据前，应当确立合理的实验的各因素和水平。因为响应曲面法分析优化的前提是设计的实验点应包括最佳的实验条件，如果实验点的选取不当，那么实验响应曲面法就不能得到很好的优化结果。因此，在使用响应曲面法之前，应当确立合理的各实验因素和水平。

进行响应曲面分析的步骤为：① 确定因素及水平，注意水平数为 2，因素数一般不超过 4 个，因素均为计量值数据；② 创建“中心复合”或“Box-Behnken”实验设计；③ 确定实验运行顺序；④ 进行实验并收集数据；⑤ 分析实验数据；⑥ 设置优化因素的水平。

在确定合理的各实验因素与水平时，应结合文献报道，采用多种实验设计的方法，常用的方法有：① 利用已有文献报道的结果，确定响应曲面法实验的各因素与水平；② 使用单因素实验，确定响应曲面法实验的各因素与水平；③ 使用爬坡实验，确定响应曲面法实验的各因素与水平；④ 使用两因子设计实验，确定响应曲面法实验的各因素与水平。

在确定了实验的各因素与水平后，下一步进行实验设计。可以进行响应曲面分析的实验设计有多种，但较常用的方法主要有 Central Composite Design–响应曲面优化分析和 Box-Behnken Design–响应曲面优化分析。实验设计中，实验点分为中心点、立方点和轴向点。

Central Composite Design，简称 CCD，即中心组合设计，也称为星点设计。其实验表是在两因子设计实验的基础上加上极值点和中心点构成的，通常实验表是以代码的形式编排的，实验时再转化为实际操作值，一般水平取值为（0，±1，$\pm\alpha$）编码，其中 0 为中值，α 为极值，$\alpha=F^{1/4}$（F 为因子设计的部分实验次数，$F=2^k$ 或 $F=2^{k/2}$，k 为因素数）。一般 5 因素以上采用，实验表由以下 3 个部分组成：

（1）2^k或$2^{k/2}$因子设计。

（2）极值点。由于两水平因子设计只能用作线性考察，需再加上第二部分极值点，才适合于非线性拟合。如果以坐标表示，那么极值点在相应坐标轴上的位置称为轴点（Axial Point）或星点（Star Point），表示为（$\pm\alpha$，0，…，0），（0，$\pm\alpha$，…，0），…，（0，0，…，$\pm\alpha$），星点的组数与因素数相同。

（3）一定数量的中心点重复实验。中心点的个数与 CCD 设计的特殊性质，如正交（Orthogonal）或均一精密（Uniform Precision）等有关。

CCD 实验安排表见表 2–12。

表 2–12　正交或均一精密 CCD 实验安排表

K	2	3	4	5	$5\left(\frac{1}{2}\right)^a$	6	$6\left(\frac{1}{2}\right)^a$	$7\left(\frac{1}{2}\right)^a$	$8\left(\frac{1}{2}\right)^a$
F	4	8	16	32	16	64	32	64	128
星点数	4	6	8	10	10	12	12	14	16
N_0^b（均一精密）	5	6	7	10	6	15	9	14	20
N_0（正交）	8	9	12	17	10	24	15	22	23
N^c（均一精密）	13	20	31	52	32	91	53	92	164
N（正交）	16	23	36	59	36	100	59	100	177
α	1.414	1.682	2.000	2.378	2.000	2.828	2.378	2.828	3.364

说明：a 为 $2^{k/2}$ 析因设计；b 为中心点个数；c 为总实验次数。

Box–Behnken Design，简称 BBD，也是响应曲面优化分析法常用的实验设计方法，适用于 2～5 个因素的优化实验。其设计表安排以 3 因素为例（3 因素用 A、B、C 表示），见表 2–13，其中 0 为中心点，+1、–1 分别是立方点相对应的高值和低值。实验设计的均一性等性质仍以 3 因素为例，BBD 的实验点分布情况见图 2–6。

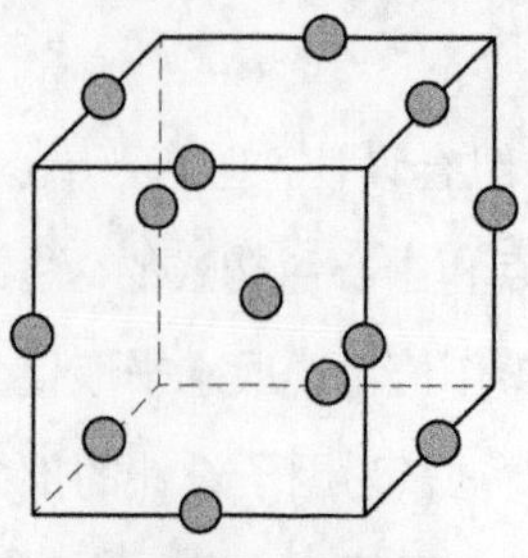

图 2–6　3 因素 BBD 的实验点分布情况

表 2-13　三因素 BBD 实验安排表

实验序号	A	B	C
1	–	0	–
2	–	0	+
3	–	+	0
4	–	–	0
5	0	0	0
6	0	–	–
7	0	0	0
8	0	+	+
9	0	0	0
10	0	–	+
11	0	+	–
12	+	–	0
13	+	+	0
14	+	0	+
15	+	0	–

对更多因素的 BBD 实验，若均包含 3 个重复的中心点，则 4 因素实验对应的实验次数为 27 次，5 因素实验对应的实验次数为 46 次。因素增多，实验次数成倍增长，故在对 BBD 设计之前，进行因子设计对减少实验次数是很有必要的。

按照实验设计安排实验，得出实验数据，下一步即是对实验数据进行响应曲面分析。响应曲面分析主要采用的是非线性拟合的方法，以得到拟合方程。最为常用的拟合方法是采用多项式法，简单因素关系可以采用一次多项式，含有交互作用的可以采用二次多项式，一般使用的是二次多项式；更为复杂的因素间交互作用可以使用三次或更高次数的多项式。

根据得到的拟合方程，可采用绘制响应曲面图的方法获得最优值，也可采用方程求解的方法获得最优值。另外，使用一些数据处理软件，如 Design–Expert 软件，也可以方便地得到最优化结果，如图 2–7 所示。

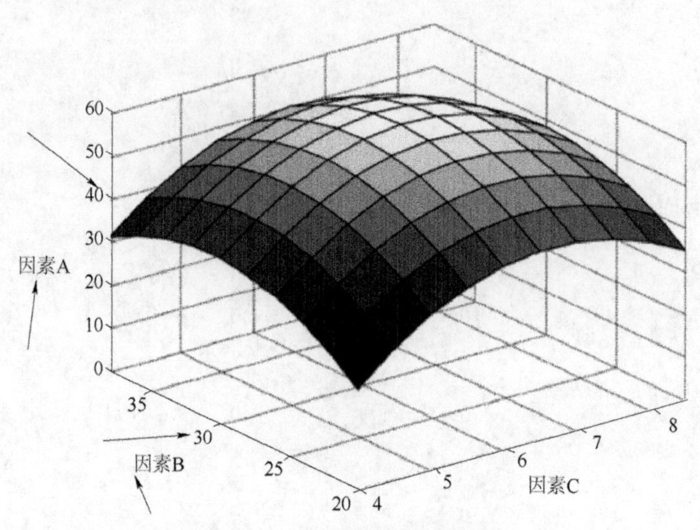

图 2–7 响应面分析的立体图

响应曲面分析得到的优化结果是一个预测结果，需要做实验加以验证。如果根据预测的实验条件能够得到相应的与预测结果一致的实验结果，则说明进行响应曲面分析是成功的；如果不能够得到与预测结果一致的实验结果，则需要改变响应面方程，或是重新选择合理的实验因素与水平。

第三部分　误差分析与实验数据处理

固体废物实验中常需要进行一系列测定，并取得大量的数据。实践表明，每项实验都会有误差，同一项目的多次重复测定，结果总有差异，即实验值与真实值之间存在差异。这是由于实验环境不理想、实验人员技术水平不高、实验设备或实验方法不完善等因素引起的。随着研究人员对研究课题认识的提高和仪器设备的不断完善，实验中的误差可以逐渐减小，但是不可能做到没有误差。因此，绝不能认为取得了实验数据就已经万事大吉。一方面，必须对所测对象进行分析研究，估计测试结果的可靠程度，并对取得的数据给予合理的解释；另一方面，还必须将所得数据加以整理归纳，用一定的方式表示出各数据之间的相互关系。前者即为误差分析，后者为数据处理。

对实验结果进行误差分析与数据处理的目的在于：

（1）可以根据科学实验的目的，合理地选择实验装置、仪器、条件和方法。

（2）能正确处理实验结果，以便在一定条件下得到接近真实值的最佳结果。

（3）合理选定实验结果的误差，避免由于误差选取不当而造成人力、物力的浪费。

（4）总结测定的结果，得出正确的实验结论，并通过必要的整理归纳（如绘成实验曲线或得出经验公式），为验证理论分析提供条件。

3.1 误差的基本概念与分析

3.1.1 真值与平均值

实验过程中会有各种测试工作，由于仪器、测试方法、环境、人的观察力、实验方法等不可能做到完美无缺，所以我们无法测得真值（真实值）。如果对同一考察项目进行无限多次的测试，然后根据误差分布定律正负误差出现的概率相等的概念，就可以求得各测试值的平均值，在无系统误差（系统误差的含义请参阅“误差与误差的分类”）的情况下，平均值即为接近真值的数值。一般来说，测试的次数总是有限的，用有限测试次数求得的平均值，只能是真值的平均值。

常用的平均值有以下几种：算数平均值。均方根平均值。加权平均值。中位值（或中位数）。几何平均值。平均值计算方法的选择，主要取决于一组观测值的分布类型。

1. 算数平均值

算数平均值是最常用的一种平均值，当观测值呈正态分布时，算数平均值最接近真值。设 x_1，x_2…，x_n 为各次观测值，n 代表观测次数，则算数平均值定义为

$$\overline{x}=\frac{x_1+x_2+\cdots+x_n}{n}=\frac{1}{n}\sum_{i=1}^{n}x_i \tag{3-1}$$

2. 均方根平均值

均方根平均值应用较少，其定义为

$$\overline{x}=\sqrt{\frac{x_1^2+x_2^2+\cdots+x_n^2}{n}}=\sqrt{\frac{\sum_{i=1}^{n}x_i^2}{n}} \quad (3\text{–}2)$$

式中，符号意义同前。

3. 加权平均值

若对同一事物用不同方法去测定，或者由不同的人去测定，那么常用加权平均值。计算公式为

$$\overline{x}=\frac{w_1x_1+w_2x_2+\cdots+w_nx_n}{w_1+w_2+\cdots w_n}=\frac{\sum_{i=1}^{n}w_ix_i}{\sum_{i=1}^{n}w_n} \quad (3\text{–}3)$$

式中　w_i——与各观测值相应的权；其余符号意义同前。

各观测值的权数 w_i，可以是观测值的重复次数、观测者在总数中所占的比例或者根据经验确定。

4. 中位值

中位值是指一组观测值按大小次序排列的中间值。若观测次数是偶数，则中位值为中间两个值的平均值。中位值的最大优点是求法简单。只有当观测值呈正态分布时，中位值才能代表一组观测值的中心趋向，近似于真值。

5. 几何平均值

如果一组观测值是非正态分布，那么当对这组数据取对数后，所得图形的分布曲线更对称时，常用几何平均值。

几何平均值是一组 n 个观测值连乘并开 n 次方求得的值，计算公式如下：

$$\overline{x}=\sqrt[n]{x_1\cdot x_2\cdot\cdots\cdot x_n} \quad (3\text{–}4)$$

也可用对数表示：

$$\lg \overline{x} = \frac{1}{n}\sum_{i-1}^{n} \lg x_i \tag{3-5}$$

3.1.2 误差与误差的分类

固体废物处理与处置工程实验过程中，各项指标的检测常需通过各种测试方法去完成。由于被测量的数值形式通常不能以有限位数表示，且因认识能力不足和科技水平的限制，所以测量值与其真值不完全一致，这种差异表现在数值上称为误差。任何测试结果均具有误差，误差存在于一切实验中。

根据误差的性质及发生的原因，误差可分为系统误差、偶然误差和过失误差 3 种。

1. 系统误差（恒定误差）

系统误差是指在测定中未发现或未确认的因素所引起的误差。这些因素使测定结果永远朝一个方向发生偏差，其大小及符号在同一实验中完全相同。产生系统误差的原因如下：

（1）仪器不良，如刻度不准、砝码未校正等。

（2）环境的改变，如外界温度、压力和湿度的变化等。

（3）个人的习惯和偏向，如读数偏高或偏低等。

这类误差可以根据仪器的性能、环境条件或个人偏差等加以校正克服，使之降低。

2. 偶然误差（或然误差、随机误差）

单次测试时，观测值总是有些变化且变化不定，如误差时大、时小、时正、时负且方向不定，但是多次测试后，其平均值趋于零，具有这种性质的误差称为偶然误差。

偶然误差产生的原因一般不清楚，因为无法人为控制。偶然误差可用概率理论处理数据而加以避免。

3. 过失误差

过失误差又称错误，是由于操作人员工作粗枝大叶、过度疲劳或操作不正确等因素引起的。过失误差是一种与事实明显不符的误差，是可以避免的。

3.1.3　误差的表示方法

1. 绝对误差与相对误差

（1）绝对误差：指对某一指标进行测试后，观测值与其真值之间的差距，即：

$$绝对误差=观测值-真值 \tag{3-6}$$

绝对误差用以反映观测值偏离真值的大小，其单位与观测值相同。

（2）相对误差：指绝对误差与真值的比值，即：

$$相对误差=\frac{绝对误差}{真值}\times100\% \tag{3-7}$$

相对误差用于不同观测结果的可靠性的对比，常用百分数表示。

2. 绝对偏差与相对偏差

（1）绝对偏差：指对某一指标进行多次测试后，某一观测值与多次观测值的均值之差，即：

$$d_i = x_i - \overline{x} \tag{3-8}$$

式中　d_i——绝对偏差；

x_i——观测值；

$\overline{x}$——全部观测值的平均值。

（2）相对偏差：绝对偏差与平均值的比值，常用百分数表示，即：

$$相对偏差=\frac{d_i}{\overline{x}}\times100\% \tag{3-9}$$

3. 算术平均偏差与相对平均偏差

（1）算术平均偏差：指观测值与平均值之差的绝对值的算数平均值，即：

$$\delta=\frac{\sum_{i=1}^{n}|x_i-\overline{x}|}{n}=\frac{\sum_{i=1}^{n}|d_i|}{n} \tag{3-10}$$

式中 δ——算数平均偏差；

n——观测次数。

（2）相对平均偏差：指算数平均偏差与平均值的比值，即：

$$相对平均偏差=\frac{\delta}{\overline{x}}\times100\% \tag{3-11}$$

4. 标准偏差与相对标准偏差

（1）标准偏差（均方根偏差、均方偏差、标准差）：指各观测值与平均值之差的平方和的算数平均值的平方根，其单位与实验数据相同。计算式为

$$s=\sqrt{\frac{\sum_{i=1}^{n}(x_i-\overline{x})^2}{n}} \tag{3-12}$$

式中 s——标准偏差。

在有限观测次数中，标准偏差常用下式表示：

$$s=\sqrt{\frac{\sum_{i=1}^{n}(x_i-\overline{x})^2}{n-1}} \tag{3-13}$$

由式（3–12）可以看到，观测值越接近平均值，标准偏差越小；观测值与平均值相差越大，则偏差越大。

（2）相对标准偏差：相对标准偏差又称变异系数，是样本的标准偏差与平均值的比值，前者记为 RSD，后者记为 CV。计算式为

$$RSD(CV)=\frac{s}{v}\times100\% \tag{3-14}$$

5. 极差（范围误差）

极差是指一组观测值中的最大值与最小值之差，是用以描述实验数据分散程度的一种特征参数。计算式为

$$R=x_{max}-x_{min} \tag{3-15}$$

式中　R——极差；

x_{max}——观测值中的最大值；

x_{min}——观测值中的最小值。

3.1.4　精密度和准确度

1. 精密度

精密度（又称精确度、精度）指在控制条件下用一个均匀试样反复测试，所测得数值之间重复的程度，它反映偶然误差的大小。测试的偶然误差越小，测试的精密度越高。可通过考察测试方法的平行性、重复性和再现性来说明其精密度。

精密度通常用极差、算术平均偏差和相对平均偏差、标准偏差和相对标准偏差表示。

2. 准确度

准确度指测定值与真实值符合的程度，它反映偶然误差和系统误差的大小。一个分析方法或分析系统的准确度是反映该方法或该测试系统存在的系统误差和偶然误差的综合指标，它决定这个分析结果的可靠性。准确度用绝对误差或相对误差表示。

在分析工作中，可通过测量标准物质或用标准物质做加标实验测定回收率的方法，评价分析方法和测量系统的准确度。

一个化学分析，虽然精密度很高、偶然误差小，但可能由于溶液标定

不准确、稀释技术不正确、不可靠的砝码或仪器未校准等原因而出现系统误差，使分析结果的准确度不高。相反，一个方法可能很准确，但由于灵敏度低或其他原因，造成其精密度不够。因此，评定观测数据的好坏，首先要考察精密度，然后考察准确度。一般情况下，无系统误差时，精密度越高，观测结果越准确。但若有系统误差存在，那么即使精密度高，结果的准确度也不一定高。

3.1.5 误差分析

1. 单次测量值误差分析

固体废物处理与处置工程实验的影响因素多且测试量大，有时由于条件限制或准确度要求不高，特别是在动态实验中不容许对被测值做重复测量，故实验中往往对某些指标只能进行一次测定。这些测定值的误差应根据具体情况进行具体分析，无注明时，可按仪器最小刻度的 1/2 作为单次测量的误差。

2. 重复多次测量值误差分析

条件允许的情况下，进行多次测量可以得到比较准确、可靠的测量值，并用测量结果的算术平均值近似替代真值。误差的大小可用算术平均偏差和标准偏差来表示。工程中多用标准偏差来表示。

采用算术平均偏差表示误差时，可用式（3–10）计算，真值可表示为

$$a=\overline{x}\pm\delta \tag{3–16}$$

采用标准偏差表示误差时，可用式（3–13）计算，真值可表示为

$$a=\overline{x}\pm s \tag{3–17}$$

3. 间接测量值误差分析

实验过程中，经常需要对实测值经过公式计算后获得另外一些测得值用于

表达实验结果或进一步分析，称为间接测量值。由于实测值均存在误差，所以间接测量值也存在误差，称为误差的传递。表达各实测值误差与间接测量值之间关系的公式称为误差传递公式。

（1）间接测量值算术平均误差计算。

采用算术平均误差计算间接测量值时，需考虑各项误差同时出现最不利的情况，并将算术平均误差或算术平均相对误差相加。

加、减法运算：若 $N=A+B$ 或 $N=A-B$，则

$$\delta_N = \delta_A + \delta_B \tag{3-18}$$

式中　δ_N——间接测量值 N 的算术平均误差；

δ_A，δ_B——直接测量值 A，B 的算术平均误差。

即和、差运算的绝对误差等于各直接测得值的绝对误差之和。

乘、除法运算：若 $N=AB$ 或 $N=A/B$，则

$$\frac{\delta_N}{N} = \frac{\delta_A}{A} = \frac{\delta_B}{B} \tag{3-19}$$

即乘、除运算的相对误差等于各直接测得值的相对误差之和。

（2）间接测量值标准误差计算。

若 $N=f(x_1, x_2, \cdots, x_n)$，采用标准误差时，间接测量值 N 的标准误差传递公式为

$$\sigma_N = \sqrt{\left(\frac{\partial f}{\partial x_1}\right)^2 \cdot \sigma_{x_1}^2 + \left(\frac{\partial f}{\partial x_2}\right)^2 \cdot \sigma_{x_2}^2 + \cdots + \left(\frac{\partial f}{\partial x_n}\right)^2 \cdot \sigma_{x_n}^2} \tag{3-20}$$

式中　σ_N——间接测量值 N 的标准误差；

∂x_1，∂x_2，…，∂x_n——直接测量值 x_1，x_2，…，x_n 的标准误差；

$\frac{\partial f}{\partial x_1}$，$\frac{\partial f}{\partial x_2}$，…，$\frac{\partial f}{\partial x_n}$——函数 $f(x_1, x_2, \cdots, x_n)$ 对变量 x_1，x_2，…，x_n 的偏导数，并以 $\overline{x}_1$，$\overline{x}_2$，…，$\overline{x}_n$ 代入求其值。

3.2 实验数据整理

3.2.1 有效数字与运算

实验测定总有误差，因此表示测定结果的数据的位数应恰当，不宜太多，也不能太少。太多容易使人误认为测试的精密度很高，太少则精密度不够，位数多少常用“有效数字”表示。有效数字是指准确测定的数字加上最后一位估读数字（又称存疑数字）所得的数字，即实验报告的每一位数字，除最后一位数可能有疑问外，都希望不带误差。如果可疑数不止一位，则其他一位或几位就应剔除。剔除没有意义的位数时，应采用四舍五入的方法。但“五入”时要把前一位数凑成偶数，如果前一位数已是偶数，则“5”应舍去。例如，把 5.45 变成 5.4，5.35 变成 5.4。

实验中观测值的有效数字与仪器、仪表的刻度有关，一般根据实际可估计到 1/10、1/5 或 1/2。例如，滴定管的最小刻度是 1/10（即 0.1 mL），百分位上是估计值，故在读数时，可读到百分位，即其有效数字是到百分位止。

在整理数据时，常要对一些精密度不同的数值进行运算，此时要遵循一定的规则，这样既可节省时间，又可避免因计算过烦琐引起的错误。一些常用的规则如下：

（1）记录观测值时，只保留一位可疑数，其余一律舍去。

（2）在加、减运算中，运算后得到的数所保留的小数点后的位数，应与所给各数中小数点后位数最少的相同，例如，31.52、0.863、0.009 三个数相加时，应写为 31.52+0.68+0.01=32.21。

（3）计算有效数字位数时，若首位有效数字是 8 或 9，则有效数字要多计 1 位，例如，9.35 虽然实际上只有 3 位，但在计算有效数字时，可按 4 位计算。

（4）在乘、除运算中，运算后所得的商或积的有效数字与参加运算各有效数字位数最少的相同。

（5）计算平均值时，若为 4 个数或超过 4 个数相平均，则平均值的有效数字位数可增加一位。

应该指出，固体废物处理与处置工程一些公式中的系数不是用实验测得的，在计算中不应考虑其位数。

3.2.2　可疑观测值的取舍

在整理、分析实验数据时，有时会发现个别观测值与其他观测值相差很大，通常称它为可疑观测值，简称可疑值。可疑值可能是由于偶然误差造成的，也可能是由于系统误差引起的。如果保留这样的数据，可能会影响平均值的可靠性。如果把属于偶然误差范围内的数据任意弃去，则可能暂时可以得到精密度较高的结果，但这是不科学的。以后在同样条件下再做实验时，超出该精度的数据还会再次出现。因此，在整理数据时，如何正确地判断可疑值的取舍是很重要的。

1. 一组观测值中离群数据的检验

检验一组观测值中离群数据的方法有格拉布斯（Grubbs）检验法、狄克逊（Dixon）检验法、肖维涅（Chauvenet）准则等。下面介绍其中的两种方法。

（1）格拉布斯检验法。

设有一组观测值 x_1，x_2，…，x_n，观测次数为 n，其中 x_i 可疑，检验步骤如下：① 计算 n 个观测值的平均值 $\overline{x}$（包括可疑值）；② 计算保准偏差 s；③ 计算 T 值，公式为

$$T_i = \frac{x_i - \overline{x}}{s} \tag{3-21}$$

根据给定的显著性水平 α 和测定的次数 n，由附录 1 查出格拉布斯检验临界值 T_a。

若 $T_i > T_{0.01}$，则该可疑值为离群数值，可舍去；若 $T_{0.05} < T_i \leqslant T_{0.01}$，则该可疑值为偏离数值；若 $T_i \leqslant T_{0.05}$，则该可疑值为正常数值。

（2）肖维涅准则。

本方法是借助于肖维涅数值取舍标准（表 3–1）来衡量可疑值的取舍，方法如下：① 计算 n 个平均值 $\overline{x}$ 和标准误差 s；② 根据观测次数 n 查表 3–1 得系数 K；③ 计算极限误差 K_s，$K_s=Ks$；④ 将 $x_i-\overline{x}$ 与 K_s 进行比较，若 $x_i-\overline{x}>x_i-\overline{x}$，则 $x_i-\overline{x}$ 舍去，反之则保留。

表 3–1　肖维涅数值取舍标准

n	K	n	K	n	K	n	K	n	K	n	K
4	1.53	7	1.79	10	1.96	13	2.07	16	2.16	19	2.22
5	1.68	8	1.86	11	2.00	14	2.10	17	2.18	20	2.24
6	1.73	9	1.92	12	2.04	15	2.13	18	2.20		

2. 多组观测值的均值中离群数据的检验

多组观测值的均值中离群数据的检验常用格拉布斯检验法，其步骤与检验一组观测值时用的格拉布斯检验法类似：

（1）计算各组观测值的平均值 $\overline{x}_1$，$\overline{x}_2$，…，$\overline{x}_m$（其中 m 为组数）。

（2）计算上列均值的平均值 $\overline{\overline{x}}$（$\overline{\overline{x}}$ 称为总平均值）和标准差 $s_{\overline{x}}$，公式为

$$\overline{\overline{x}}=\frac{1}{m}\sum_{i=1}^{m}x_i \tag{3–22}$$

$$s_{\overline{x}}=\sqrt{\frac{1}{m-1}\sum_{i=1}^{m}(\overline{x}_i-\overline{\overline{x}})^2} \tag{3–23}$$

（3）计算 T 值：设 $\overline{x}_i$ 为可疑均值，则

$$T_i=\frac{\overline{x}_i-\overline{\overline{x}}}{s_{\overline{x}}} \tag{3–24}$$

（4）查出临界值 T：用组数 m 查附录 1（将表中的 n 改为 m 即可），得到 T，若 T_i 大于临界值 T，则 $\overline{x}_i$ 应舍去，反之则保留。

3.3　实验数据的方差分析

3.3.1　方差分析的用途

在对实验数据进行误差分析整理，剔除错误数据后，还要利用数理统计的方法，分析各变量对实验结果的影响程度。方差分析的目的就是分析各因素对实验的影响和影响程度。它的基本思想是通过分析，将由因素变化引起的实验结果差异与实验误差波动引起的差异区分开来。若因素变化引起的实验结果变化落在误差范围内，则表明因素对实验结果无显著影响；反之，若因素变化引起的实验结果的变动超出误差范围，则说明因素变化对实验结果有显著影响。因此，利用方差分析来分析实验结果，关键是寻找误差范围，可以利用数理统计中的 F 检验法解决这一问题。本部分介绍单因素实验的方差分析。多因素实验如正交实验的方差分析请读者参阅有关书籍。

3.3.2　等重复实验的方差分析

为研究某因素不同水平对实验结果有无显著影响，设有 A_1，A_2，…，A_b 个水平，在每一水平下都进行了 a 次实验，x_{ij}（j=1，2，…，a）表示在 A_i 水平下进行的实验。

（1）计算Σ、$(\Sigma)^2$、Σ^2，如表 3–2 所示。

表 3–2　单因素方差分析计算

水平	A_1	A_2	…	A_i	…	A_b
1	x_{11}	x_{21}	…	x_{i1}	…	x_{b1}
2	x_{12}	x_{22}	…	x_{i2}	…	x_{b2}

续表

水平	A_1	A_2	…	A_i	…	A_b	
⋮	⋮	⋮	⋮	⋮	⋮	⋮	⋮
j	x_{1j}	x_{2j}	…	x_{ij}	…	x_{bj}	
⋮	⋮	⋮	⋮	⋮	⋮	⋮	⋮
a	x_{1a}	x_{2a}	…	x_{ia}	…	x_{ba}	
Σ	$\sum_{j=1}^{a} x_{1j}$	$\sum_{j=1}^{a} x_{2j}$	…	$\sum_{j=1}^{a} x_{ij}$	…	$\sum_{j=1}^{a} x_{bj}$	$\sum_{i=1}^{b}\sum_{j=1}^{a} x_{ij}$
$(\Sigma)^2$	$\left(\sum_{j=1}^{a} x_{ij}\right)^2$	$\left(\sum_{j=1}^{a} x_{2j}\right)^2$	…	$\left(\sum_{j=1}^{a} x_{ij}\right)^2$	…	$\left(\sum_{j=1}^{a} x_{bj}\right)^2$	$\sum_{i=1}^{b}\left(\sum_{j=1}^{a} x_{ij}\right)^2$
Σ^2	$\sum_{j=1}^{a} x_{1j}^2$	$\sum_{j=1}^{a} x_{2j}^2$	…	$\sum_{j=1}^{a} x_{ij}^2$	…	$\sum_{j=1}^{a} x_{bj}^2$	$\sum_{i=1}^{b}\sum_{j=q}^{a} x_{ij}^2$

（2）计算有关统计量 S_T、S_A、S_E。

$$S_T=S_A+S_E \tag{3-25}$$

$$S_A=Q-P \tag{3-26}$$

$$S_E=R-Q \tag{3-27}$$

式中 S_T——总差方和；

S_A——组间差方和；

S_E——组内差方和。

其中：

$$P=\frac{1}{ab}\left(\sum_{i=1}^{b}\sum_{j=1}^{a} x_{ij}\right)^2 \tag{3-28}$$

$$Q=\frac{1}{a}\sum_{i=1}^{b}\left(\sum_{j=1}^{a} x_{ij}\right)^2 \tag{3-29}$$

$$R=\sum_{i=1}^{b}\sum_{j=1}^{a} x_{ij}^2 \tag{3-30}$$

（3）求自由度。

$$f_T=ab-1 \tag{3-31}$$

$$f_A=b-1 \tag{3-32}$$

$$f_E=b\ (a-1) \tag{3-33}$$

式中　f_T——S_T的自由度，为实验次数减 1；

f_A——S_A的自由度，为水平数减 1；

f_E——S_E的自由度，为水平数与实验次数减 1 之积。

（4）列表计算 F，如表 3–3 所示。

表 3–3　方差分析表

方差来源	差方和	自由度	均方	F
组间误差（因素 A）	S_A	$f_A=b-1$	$\bar{S}_A=\dfrac{S_A}{b-1}$	$F=\dfrac{\bar{S}_A}{\bar{S}_E}$
组内误差	S_E	$f_E=b\ (a-1)$	$\bar{S}_E=\dfrac{S_E}{b(a-1)}$	
总和	$S_T=S_A+S_E$	$f_T=ab-1$		

（5）显著性判断。

F 为该因素不同水平对实验结果所造成的影响与由于误差所造成的影响的比值。F 越大，说明因素变化对结果的影响越显著；F 越小，说明因素影响越小，判断影响显著与否由 F 分布表给出。

根据组间与组内自由度$[n_1=f_A=b-1, n_2=f_E=b(a-1)]$和显著性水平从附录 2 中查出$\lambda_\alpha$，分析判断：若 $F>\lambda_\alpha$，则说明在显著性水平α下，因素对实验结果有显著的影响，是重要因素；反之，若 $F<\lambda_\alpha$，说明因素对实验结果无显著的影响，是一个次要因素。

显著水平的选取取决于问题的要求。通常使用$\alpha=0.05$ 和$\alpha=0.01$ 两个显著水平。当 $F<\lambda_{0.05}$ 时，认为因素对实验结果影响不显著；当$\lambda_{0.05}<F<\lambda_{0.01}$ 时，认为因素对实验结果影响显著；当 $F>\lambda_{0.01}$ 时，认为因素对实验结果影响特别显著。

3.3.3　不等重复实验的方差分析

有些单因素实验中各水平的重复次数不等，或因数据整理中剔除了离群数据和其他原因，造成各水平的实验数据不等。如在实验过程中，某因素有 A_1，A_2，…，A_b 个水平，各水平下进行的实验次数分别为 a_1，a_2，…，a_b，则修改部分公式：

$$P = \frac{1}{\sum_{i=1}^{b} a_i} \left(\sum_{i=1}^{b} \sum_{j=1}^{a} x_{ij} \right)^2 \tag{3-34}$$

$$Q = \sum_{i=1}^{b} \left[\frac{1}{a_i} \left(\sum_{j=1}^{a_i} x_{ij} \right)^2 \right] \tag{3-35}$$

$$R = \sum_{i=1}^{b} \sum_{j=1}^{a} x_{ij}^2 \tag{3-36}$$

$$f_T = \sum_{i=1}^{b} a_i - 1 \tag{3-37}$$

$$f_A = b - 1 \tag{3-38}$$

$$f_E = \sum_{i=1}^{b} a_i - b \tag{3-39}$$

其他步骤同单因素等重复实验的方差分析过程。

3.4 实验数据的表示法

对实验数据进行误差分析整理，剔除错误数据并分析各个因素对实验结果的影响后，还要将实验获得的数据进行归纳整理，用图形、表格或经验公式加以表示，以找出影响研究事物的各因素之间相互影响的规律，为得到正确的结论提供可靠的信息。

常用的实验数据表示方法有列表表示法、图形表示法和方程表示法 3 种。表示方法的选择主要是依靠经验，可以用其中的 1 种方法，也可 2 种或 3 种方法同时使用。

3.4.1 列表表示法

列表表示法是将一组实验数据中的自变量、因变量的各个数据依一定的形式和顺序一一对应列出来，借以反映各变量之间的关系。

列表表示法具有简单易操作、形式紧凑、数据容易参考比较等优点，但对客观规律的反映不如图形表示法和方程表示法明确，在理论分析方面使用不方便。

完整的表格应包括表的序号、标题、表内项目的名称和单位、说明以及数据来源等。

实验测得的数据，其自变量和因变量的变化有时是不规律的，使用起来很不方便。此时可以通过数据的分度，使表中所列数据有规律地排列，即当自变量作等间距顺序变化时，因变量也随之顺序变化。这样的表格查阅较方便。数据分度的方法有多种，较为简便的方法是先用原始数据（即未分度的数据）画图，作出一光滑曲线，然后在曲线上一一读出所需的数据（自变量作等间距顺序变化），并列出表格。

3.4.2 图形表示法

图形表示法的优点在于形式简明直观，便于比较，易显出数据中的最高点或最低点、转折点、周期性以及其他奇异性等。当图形作得足够准确时，可以不必知道变量间的数学关系，对变量求微分或积分后得到需要的结果。

图形表示法可用于两种场合：

（1）已知变量间的依赖关系图形，通过实验，将获得的数据作图，然后求出相应的一些参数；

（2）两个变量之间的关系不清，将实验数据点绘于坐标纸上，用以分析、反映变量之间的关系和规律。

图形表示法包括以下 4 个步骤：

1. 坐标纸的选择

常用的坐标纸有直角坐标纸、半对数坐标纸和双对数坐标纸等。选择坐标纸时，应根据研究变量间的关系，确定选用哪一种坐标纸。坐标不宜太密或太稀。

2. 坐标分度和分度值标记

坐标分度指沿坐标轴规定各条坐标线所代表的数值的大小。进行坐标分度应注意下列几点：

（1）一般以 x 轴代表自变量，y 轴代表因变量。在坐标纸上应注明名称和所用计量单位。分度的选择应使每一点在坐标纸上都能够迅速方便的找到。

（2）坐标原点不一定就是零点，也可用低于实验数据中最低值的某一整数作起点，高于最高值的某一整数作终点。坐标分度应与实验精度一致，不宜过细，也不能过粗。

（3）为便于阅读，有时除了标记坐标纸上主坐标线的分度值外，还会在细副线上也标以数值。

3. 根据实验数据描点和作曲线

描点方法比较简单，把实验得到的自变量与因变量一一对应的点标在坐标纸上即可。若在同一图上表示不同的实验结果，则应采用不同符号加以区别，并注明符号的意义。

作曲线的方法有两种：

（1）数据不够充分，图上的点数较少，不易确定自变量与因变量之间的关系，或者自变量与因变量间不一定呈函数关系时，最好是将各点用直线连接。

（2）实验数据充分，图上点数足够多，自变量与因变量呈函数关系，则可作出光滑连续的曲线。

4. 注解说明

每一个图形下面应有图名，可将图形的意义清楚准确地表述出来，有时在图名下还需加一些简要说明。此外，还应注明数据的来源，如作者姓名、实验地点、日期等。

3.4.3　方程表示法

实验数据用列表或图形表示后，使用时虽然较直观简便，但不便于理论分析研究，故常需要用数学表达式来反映自变量与因变量的关系，即采用方程表示法。方程表示法通常包括下面两个步骤：

步骤一：选择经验公式。

表示一组实验数据的经验公式应形式简单紧凑，式中系数不宜太多。一般没有一个简单方法可以直接获得一个较理想的经验公式，通常是先将实验数据在直角坐标纸上描点，再根据经验和解析几何知识推测经验公式的形式，若经验表明此形式不够理想，则应另立新式，再进行实验，直至得到满意的结果为止。表达式中容易直接用于实验验证的是直线方程，因此，应尽量使所得函数形式呈直线式。若得到的函数形式不是直线式，则可以通过变量变换，使所得图形变为直线。

步骤二：确定经验公式的系数。

确定经验公式中系数的方法有多种，在此仅介绍直线图解法和回归分析中的一元线性回归、一元非线性回归以及回归线的相关系数与精度。

1. 直线图解法

凡实验数据可直接绘成一条直线或经过变量变换后能变为直线的都可以用此法。具体方法如下：将自变量与因变量一一对应的点绘在坐标纸上并作直线，使直线两边的点差不多相等，并使每一点尽量靠近直线。所得直线的斜率就是直线方程 $y=a+bx$ 中的系数 b，y 轴上的截距就是直线方程中的 a。直线的斜率可用直角三角形的 $\Delta y/\Delta x$ 比值求得。

直线图解法的优点是简便，但由于不同的人用直尺凭视觉画出的直线可能不同，因此，精度较差。当问题比较简单，或者精度要求低于 0.2%～0.5%时可以用此法。

2. 一元线性回归

一元线性回归就是工程上和科研中常常遇到的配直线的问题，即两个变量 x 和 y 存在一定的线性相关关系，通过实验取得数据后，用最小二乘法求出系数 a 和 b，并建立回归方程 $\hat{y}=a+bx$（称为 y 对 x 的回归线）。

用最小二乘法求系数时，应满足以下两个假定：

（1）所有自变量的各个给定值均无误差，因变量的各值可带有测定误差。

（2）最佳直线应使各实验点与直线的偏差的平方和为最小。

由于偏差的平方均为正数，如果平方和为最小，则说明这些偏差很小，所得的回归线即为最佳线。

计算式如下：

$$a=\overline{y}-b\overline{x} \tag{3–40}$$

$$b=\frac{L_{xy}}{L_{xx}} \tag{3–41}$$

式中

$$\overline{x}=\frac{1}{n}\sum_{i=1}^{n}x_n \tag{3–42}$$

$$\overline{y}=\frac{1}{n}\sum_{i=1}^{n}y_n \tag{3–43}$$

$$L_{xx}=\sum_{i=1}^{n}x_i^2-\frac{1}{n}\left(\sum_{i=1}^{n}x_n\right)^2 \tag{3–44}$$

$$L_{xy}=\sum_{i=1}^{n}x_iy_i-\frac{1}{n}\left(\sum_{i=1}^{n}x_i\right)\left(\sum_{i=1}^{n}y_i\right) \tag{3–45}$$

一元线性回归的计算步骤如下：

（1）将实验数据列入一元回归计算表（表 3–4），并计算。

表 3–4 一元回归计算表

序号	x_i	y_i	x_i^2	y_i^2	x_iy_i
$\sum$					

$\sum x=$ $\sum y=$ $n=$

$\bar{x}=$ $\bar{y}=$

$\sum x^2=$ $\sum y^2=$ $\sum xy=$

$L_{xx}=\sum x^2-(\sum x)^2/n=$ $L_{xy}=\sum xy-(\sum x)(\sum y)/n=$ $L_{yy}=\sum y^2-(\sum y)^2/n=$

（2）根据式（3–40）和式（3–41）计算 a 和 b，得一元线性回归方程 $\hat{y}=a+bx$。

3. 回归线的相关系数与精度

用上述方法配出的回归线是否有意义？两个变量间是否确实存在线性关系？在数学上引进了相关系数 r 来检验回归线有无意义，用相关系数的大小判断建立的经验公式是否正确。

相关系数 r 是判断两个变量之间相关关系的密切程度的指标，它有下述特点：

（1）相关系数是介于–1 与 1 之间的某任意值。

（2）当 $r=0$ 时，说明变量 y 的变化可能与 x 无关，这时 x 与 y 没有线性关系。

（3）当 $0<|r|<1$ 时，x 与 y 之间存在着一定线性关系。当 $r>0$ 时，直线斜率是正的，y 随 x 增大而增大，此时称 x 与 y 正相关；当 $r<0$ 时，直线斜率是负的，y 随着 x 的增大而减小，此时称 x 与 y 负相关。

（4）当 $|r|=1$ 时，x 与 y 完全线性相关。当 $r=+1$ 时，称为完全正相关；当 $r=-1$ 时，称为完全负相关。

相关系数只表示 x 与 y 线性相关的密切程度，当 $|r|$ 很小甚至为零时，只表明 x 与 y 之间线性相关不密切，或不存在线性关系，并不表示 x 与 y 之间没有关系，可能两者存在着非线性关系。

相关系数计算式如下：

$$r = \frac{L_{xy}}{\sqrt{L_{xx}L_{yy}}} \tag{3–46}$$

相关系数的绝对值越接近 1，x 与 y 的线性关系越好。

附录 3 给出了相关系数检验表，表中的数称为相关系数的起码值。求出的相关系数大于表中的数时，表明上述用一元线性回归配出的直线是有意义的。

回归线的精度用于表示实测的 y_i 偏离回归线的程度。回归线的精度可以用标准误差来估计，其计算式为

$$s = \sqrt{\frac{1}{n-2}\sum_{i=1}^{n} x(y_i - \hat{y}_i)^2} \tag{3–47}$$

式中　$\hat{y}_i$——x_i 代入 $\hat{y}=a+bx$ 的计算结果。

或

$$s = \sqrt{\frac{(1-r^2)L_{yy}}{n-2}} \tag{3–48}$$

显然，s 越小，y_i 离回归线越近，则回归方程精度越高。这里的标准误差称为剩余标准差。

4. 一元非线性回归

在固体废物处理与处置工程中遇到如下问题：有时两个变量之间的关系并不是线性关系，而是某种曲线关系。这时，需要解决选配适当类型的曲线以及确定相关函数中的系数等问题。具体步骤如下：

（1）确定变量间函数的类型的方法有两种：① 根据已有的专业知识确定；② 实在无法确定变量间函数关系的类型时，先根据实验数据作散布图，再从散布图的分布形状选择适当的曲线来配合。

（2）确定相关函数中的系数：确定函数类型以后，需要确定函数关系式中的系数。其方法如下：① 通过坐标变换（即变量变换）把非线性函数关系化呈线性关系，即化曲线为直线；② 在新坐标线中用线性回归方法配出回归线；③ 还原回原坐标系，即得所求回归方程。

（3）如果散布图所反映的变量之间的关系与两种函数类型相似，无法确定选用哪一种曲线形式更好，则可以都作回归线，再计算它们的剩余标准差并进行比较，选择剩余标准差小的函数类型。

附录 1　格拉布斯（Grubbs）检验临界值 T_a 表

m	显著性水平α				m	显著性水平α			
	0.05	0.025	0.01	0.005		0.05	0.025	0.01	0.005
3	1.153	1.155	1.155	1.155	30	2.745	2.908	3.103	3.236
4	1.463	1.481	1.492	1.496	31	2.759	2.924	3.119	3.253
5	1.672	1.715	1.749	1.764	32	2.773	2.938	3.135	3.270
6	1.822	1.887	1.944	1.973	33	2.786	2.952	3.150	3.286
7	1.937	2.020	2.097	2.139	34	2.799	2.965	3.164	3.301
8	2.032	2.126	2.221	2.274	35	2.811	2.979	3.178	3.316
9	2.110	2.315	2.323	2.387	36	2.823	2.991	3.191	3.330
10	2.176	2.290	2.410	2.482	37	2.835	3.003	3.204	3.343
11	2.234	2.355	2.485	2.564	38	2.846	3.014	3.216	3.356
12	2.285	2.412	2.550	2.636	39	2.857	3.025	3.288	3.369
13	2.331	2.462	2.607	2.699	40	2.866	3.036	3.240	3.381
14	2.371	2.507	2.659	2.755	41	2.877	3.046	3.251	3.393
15	2.409	2.549	2.705	2.806	42	2.887	3.057	3.261	3.404
16	2.443	2.585	2.747	2.852	43	2.896	3.067	3.271	3.415
17	2.475	2.620	2.785	2.894	44	2.905	3.075	3.282	3.425
18	2.504	2.650	2.821	2.932	45	2.914	3.085	3.292	3.435
19	2.532	2.681	2.854	2.968	46	2.923	3.094	3.302	3.445
20	2.557	2.709	2.884	2.991	47	2.931	3.103	3.310	3.455
21	2.580	2.733	2.912	3.031	48	2.940	3.111	3.319	3.464
22	2.603	2.758	2.939	3.060	49	2.948	3.120	3.329	3.474
23	2.624	2.781	2.963	3.087	50	2.956	3.128	3.336	3.483
24	2.644	2.802	2.987	3.112	60	3.025	3.199	3.411	3.560
25	2.663	2.822	3.009	3.135	70	3.082	3.257	3.471	3.622
26	2.681	2.841	3.029	3.157	80	3.130	3.305	3.521	3.673
27	2.698	2.859	3.049	3.178	90	3.171	3.347	3.563	3.716
28	2.714	2.876	3.068	3.199	100	3.207	3.383	3.600	3.754
29	2.730	2.893	3.085	3.218					

附录 2 F 分布表

1. α=0.05

n_2	n_1														
	1	2	3	4	5	6	7	8	9	10	12	15	20	60	∞
1	161.4	199.5	215.7	224.6	230.2	234.0	236.8	238.9	240.5	241.9	243.9	245.9	248.0	252.2	254.3
2	18.51	19.00	19.16	19.25	19.30	19.33	19.35	19.37	19.38	19.40	19.41	19.43	19.45	19.48	19.50
3	10.13	9.55	9.28	9.12	9.01	8.94	8.89	8.85	8.81	8.79	8.74	8.70	8.66	8.57	8.53
4	7.71	6.94	6.59	6.39	6.26	6.16	6.09	6.04	6.00	5.96	5.91	5.86	5.80	5.69	5.63
5	6.61	5.79	5.41	5.19	5.05	4.95	4.88	4.82	4.77	4.74	4.68	4.62	4.56	4.43	4.36
6	5.99	5.14	4.76	4.53	4.39	4.28	4.21	4.15	4.10	4.06	4.00	3.94	3.87	3.74	3.67
7	5.59	4.74	4.35	4.12	3.97	3.87	3.79	3.73	3.68	3.64	3.57	3.51	3.44	3.30	3.23
8	5.32	4.46	4.07	3.84	3.69	3.58	3.50	3.44	3.39	3.35	3.28	3.22	3.15	3.01	2.93
9	5.12	4.26	3.86	3.63	3.48	3.37	3.29	3.23	3.18	3.14	3.07	3.01	2.94	2.79	2.71
10	4.96	4.10	3.71	3.48	3.33	3.22	3.14	3.07	3.02	0.98	2.91	2.85	2.77	2.62	2.54
11	4.84	3.98	3.59	3.36	3.20	3.09	3.01	2.95	2.90	2.85	2.79	2.72	2.65	2.49	2.40
12	4.75	3.89	3.49	3.26	3.11	3.00	2.91	2.85	2.80	2.75	2.69	2.62	2.54	2.38	2.30
13	4.67	3.81	3.41	3.18	3.03	2.92	2.83	2.77	2.71	2.67	2.60	2.53	2.46	2.30	2.21
14	4.60	3.74	3.34	3.11	2.96	2.85	2.76	2.70	2.65	2.60	2.53	2.46	2.39	2.22	2.13
15	4.54	3.68	3.29	3.06	2.90	2.79	2.71	2.64	2.59	2.54	2.43	2.40	2.33	2.16	2.07
16	4.49	3.63	3.23	3.01	2.85	2.74	2.66	2.59	2.54	2.49	2.42	2.35	2.28	2.11	2.01
17	4.45	3.59	3.20	2.96	2.81	2.70	2.61	2.55	2.49	2.45	2.38	2.31	2.23	2.06	1.96
18	4.41	3.55	3.16	2.93	2.77	2.66	2.58	2.51	2.46	2.41	2.34	2.27	2.19	2.02	1.92
19	4.38	3.52	3.13	2.90	2.74	2.63	2.54	2.48	2.42	2.38	2.31	2.23	2.16	1.98	1.88
20	4.35	3.49	3.10	2.87	2.71	2.60	2.51	2.45	2.39	2.35	2.28	2.20	2.12	1.95	1.84
21	4.32	3.49	3.10	2.87	2.71	2.60	2.51	2.45	2.39	2.35	2.28	2.20	2.12	1.95	1.84
22	4.30	3.44	3.05	2.82	2.66	2.55	2.46	2.40	2.34	2.30	2.23	2.15	2.07	1.89	1.78
23	4.28	3.42	3.03	2.80	2.64	2.53	2.44	2.37	2.32	2.27	2.20	2.13	2.05	1.86	1.76
24	4.26	3.40	3.01	2.78	2.62	2.51	2.42	2.36	2.30	2.25	2.18	2.11	2.03	1.84	1.73
25	4.24	3.39	2.99	2.76	2.60	2.49	2.40	2.34	2.28	2.24	2.16	2.09	2.01	1.82	1.71
30	4.17	3.32	2.92	2.69	2.53	2.42	2.33	2.27	2.21	2.16	2.09	2.01	1.93	1.74	1.62
40	4.08	3.23	2.84	2.61	2.45	2.34	2.25	2.18	2.12	2.08	2.00	1.92	1.84	1.64	1.51
60	4.00	3.15	2.76	2.53	2.37	2.25	2.17	2.10	2.04	1.99	1.92	1.84	1.75	1.53	1.39
120	3.92	3.07	2.68	2.45	2.29	2.17	2.09	2.02	1.96	1.91	1.83	1.75	1.66	1.43	1.25
∞	3.84	3.00	2.60	2.37	2.21	2.10	2.01	1.94	1.88	1.83	1.75	1.67	1.57	1.32	1.00

续表

2. $\alpha=0.01$

n_2	n_1														
	1	2	3	4	5	6	7	8	9	10	12	15	20	60	∞
1	4 052	4 999.5	5 403	5 625	5 764	5 859	5 928	5 982	6 022	6 056	6 106	6 157	6 209	6 313	6 366
2	98.50	99.00	99.17	99.25	99.30	99.33	99.36	99.37	99.39	99.40	99.42	99.43	99.45	99.48	99.50
3	34.12	30.82	29.46	28.71	28.24	27.91	27.67	27.49	27.35	27.23	27.05	26.37	26.69	26.32	26.13
4	21.20	18.00	16.69	15.98	15.52	15.21	14.98	14.80	14.66	14.55	14.37	14.20	14.02	13.65	13.46
5	16.26	13.27	12.06	11.39	10.97	10.67	10.46	10.29	10.16	10.05	9.89	9.72	9.55	9.20	9.02
6	13.75	10.92	9.78	9.15	8.75	8.47	8.26	8.10	7.98	7.87	7.72	7.56	7.40	7.06	6.88
7	12.25	9.55	8.45	7.85	7.46	7.19	6.99	6.84	6.72	6.62	6.47	6.31	6.16	5.82	5.65
8	11.26	8.65	7.59	7.01	6.65	6.37	6.18	6.03	5.91	5.81	5.67	5.52	5.36	5.03	4.86
9	10.56	8.02	6.99	6.42	6.06	5.80	5.61	5.47	5.35	5.26	5.11	4.96	4.81	4.48	4.31
10	10.04	7.56	6.55	5.99	5.64	5.39	5.20	5.06	4.94	4.85	4.71	4.56	4.41	4.08	3.91
11	9.65	7.21	6.22	5.67	5.32	5.07	4.89	4.74	4.63	4.54	4.40	4.25	4.10	3.78	3.60
12	9.33	6.93	5.95	5.41	5.06	4.82	4.64	4.50	4.39	4.30	4.16	4 301	3.86	3.54	3.36
13	9.07	6.70	5.74	5.11	4.86	4.62	4.44	4.30	4.19	4.10	3.96	3.82	3.66	3.34	3.17
14	8.86	6.51	5.56	5.04	4.69	4.46	4.28	4.14	4.03	3.94	3.80	3.66	3.51	3.18	3.00
15	8.68	6.36	5.42	4.89	4.56	4.32	4.14	4.00	3.89	3.80	3.67	3.52	3.37	3.05	2.87
16	8.53	6.23	5.29	4.77	4.44	4.20	4.03	3.89	3.78	3.69	3.55	3.41	3.26	2.93	2.75
17	8.40	6.11	5.518	4.67	4.34	4.10	3.93	3.79	3.68	3.59	3.46	3.31	3.16	2.83	2.65
18	8.29	6.01	5.09	4.58	4.25	4.01	3.84	3.71	3.60	3.51	3.37	3.23	3.08	2.75	2.57
19	8.18	5.93	5.01	4.50	4.17	3.94	3.77	3.63	3.52	3.43	3.30	3.15	3.00	2.67	2.49
20	8.10	5.85	4.94	4.43	4.10	3.87	3.70	3.56	3.46	3.37	3.23	3.09	2.94	2.61	2.45
21	8.02	5.78	4.87	4.37	4.04	3.81	3.64	3.51	3.40	3.31	3.17	3.03	2.88	2.55	2.36
22	7.95	5.72	4.82	4.31	3.99	3.76	3.59	3.45	3.35	3.26	3.12	2.98	2.83	2.50	2.31
23	7.88	5.66	4.76	4.26	3.94	3.71	3.54	3.41	3.30	3.21	3.07	2.93	2.78	2.45	2.26
24	7.82	5.61	4.72	4.22	3.90	3.67	3.50	3.36	3.26	3.17	3.03	2.89	2.74	2.40	2.21
25	7.77	5.57	4.68	4.18	3.85	3.63	3.46	3.32	3.22	3.13	2.99	2.85	2.70	2.36	2.17
60	7.56	5.39	4.51	4.02	3.70	3.47	3.30	3.17	3.07	2.98	2.84	2.70	2.55	2.21	2.01
120	6.85	4.79	3.95	3.48	3.17	2.96	2.79	2.66	2.56	2.47	2.34	2.19	2.03	1.66	1.38
∞	6.63	4.61	3.78	3.32	3.02	2.80	2.64	2.51	2.41	2.32	2.18	2.04	1.88	1.47	1.00

附录 3 相关系数检验表

$n-2$	5%	1%	$n-2$	5%	1%	$n-2$	5%	1%
1	0.997	1.000	16	0.468	0.590	35	0.325	0.418
2	0.950	0.990	17	0.456	0.575	36	0.304	0.393
3	0.878	0.959	18	0.444	0.561	45	0.288	0.372
4	0.811	0.917	19	0.433	0.549	50	0.273	0.354
5	0.754	0.874	20	0.423	0.537	60	0.250	0.325
6	0.707	0.834	21	0.413	0.526	70	0.232	0.302
7	0.666	0.798	22	0.404	0.515	80	0.217	0.283
8	0.632	0.765	23	0.396	0.505	90	0.205	0.267
9	0.602	0.735	24	0.388	0.496	100	0.195	0.254
10	0.576	0.708	25	0.381	0.487	125	0.174	0.228
11	0.553	0.684	26	0.374	0.478	150	0.159	0.208
12	0.532	0.661	27	0.367	0.470	200	0.138	0.181
13	0.514	0.641	28	0.361	0.463	300	0.113	0.148
14	0.497	0.623	29	0.355	0.456	400	0.098	0.128
15	0.482	0.606	30	0.349	0.449	1 000	0.062	0.081

第四部分　固体废物基础性实验

4.1　固体废物的采样和制样

固体废物处理与处置工程实验所涉及的样本一般指固体废物。固体废物是指被丢弃的固态和泥状物质，按来源可以分为：矿业固体废物、工业固体废物、城市垃圾（包括下水道污泥）、农业废物和放射性固体废物等。

固体废物的采样和制样有共通之处，但针对固体废物样本的性质不同以及实验内容的不同，所采用的采样方法和制样方法也不尽相同。

4.1.1　固体废物的采样

1. 固体废物样本采样的一般程序

固体废物样本采样的一般程序如下：

（1）根据固体废物样本所需量确定应采集的份样个数。

（2）根据固体废物样本的最大粒度确定份样量。

（3）根据固体废物样本的性质确定采样方法，进行采样并认真填写采样记录。

2. 固体废物样本采集工具

固体废物样本采集所需的工具主要包括锹（一般为尖头钢锹）、镐（一般为钢尖镐）、耙、锯、锤、剪刀等一般工具。另外，在固体废弃物采样中还会用到采样铲、采样器、具盖采样桶或内衬塑料袋的采样袋等专用工具。

3. 固体废物样本采样点布设

（1）垃圾收集点的采样。

各类垃圾收集点的采样在收集点收运垃圾前进行。在大于 3 m^2 的设施（箱、坑）中采用立体对角线布点法：在等距点（不少于 3 个）采等量的固体废弃物，共 100～200 kg。在小于 3 m^2 的设施（箱、桶）中，每个设施采 20 kg 以上，最少采 5 个，共 100～200 kg。

（2）混合垃圾点采样。

应采集当日收运到堆放处理厂垃圾车中的垃圾，在间隔的每辆车内或在其卸下的垃圾堆中采用立体对角线法在 3 个等距点采集等量垃圾共 20 kg 以上，最少采 5 个样，总共 100～200 kg。在垃圾车中采样，采样点应均匀分布在车厢的对角线上，端点距车角应大于 0.5 m，表层去掉 0.3 m。

（3）废渣堆采样布点法。

在渣堆侧面距堆底 0.5 m 处画第一条横线，然后每隔 0.5 m 画一条横线，再每隔 2 m 画一条横线的垂线，以其交点作为采样点。按确定的份样数确定采样点数，在每点上从 0.5～1.0 m 深处各随机采样一份。

4. 固体废物的采样批量大小与最小份样量的确定

确定原则见表 4–1～表 4–3。

表 4–1　批量大小与最小份样量

批量大小/t	最小份样量个数
＜5	5
5～50	10
50～100	15
100～500	20
500～1 000	25
1 000～5 000	30
＞5 000	35

表 4–2　所需最少的采样车数表

车数（容器）	所需最少采样车数
＜10	5
10～25	10
25～50	20
50～100	30
＞100	50

表 4–3　份样量和采样铲容量

最大粒度/mm	最小份样质量/kg	采样铲容量/mL
＞150	30	
100～150	15	16 000
50～100	5	7 000
40～50	3	1 700
20～40	2	800
10～20	1	300
＜10	0.5	125

5. 固体废物样本采集方法

在根据取样的特征以及实验目的选择好采样点布设方法后，采用相应的工具进行固体废物样本采集。

对于固体废物中底泥和沉积物样本（如河道底泥、城市垃圾中的下水道污泥等）的采集，其形态和位置较为特殊，主要方法如下：

（1）直接挖掘法。

此法适用于大量样本的采集或一般需求样本的采集。在无法采到很深的河、海、湖底泥的情况下，亦可采用沿岸直接挖掘的方法。但采集的样本极易相互混淆，当挖掘机打开时，一些不黏的泥土组分容易流失，这时可采用自制工具采集。

（2）装置采集法。

采用类似岩心提取器的采集装置，适用于采样量较大而不宜相互混淆的样本，用这种装置采集的样本，同时也可以反映沉积物不同深度层面的情况。使用金属采样装置，需要内衬塑料袋内套以防止金属沾污。当沉积物不是非常坚硬难以挖掘时，可采用甲基丙烯酸甲酯有机玻璃材料来制作提取装置。对于深水采样，需要能在船上操作的机动提取装置，倒出来的沉积物可以分层装入聚乙烯瓶中储存。在某些元素的形态分析中，样本的分装最好在装有惰性气体的胶布套箱里完成，以避免一些组分的氧化或引起形态分布的变化。

6. 固体废物样本采样注意事项

在固体废物样本的采样过程中，应当注意：

（1）采样应在无大风、雨、雪的条件下进行。

（2）在同一市区，每次各点的采样应尽可能同时进行。

4.1.2 固体废物的制样

为保证样品对总体的代表性，对不均匀的固体废物，按合理的取样方法取得的样品数量是相当多的，可能达数十公斤[①]，组成也是不均匀的。因此，在送实验室分析测定前，必须经适当处理和制备，使数量缩减、组成均匀、颗粒细而易溶解，从而在分析测定时只须称取一小份，就能代表整个批量废物。这就须对样品反复进行粉碎、过筛、混合、缩分，直至符合要求。

1. 制样工具

制样工具包括：粉碎机（破碎机）、药碾、钢锤、标准套筛、十字分样板、机械缩分器。

2. 制样要求

（1）在制样全过程中，应防止药品产生任何化学变化和污染。若制样过程

① 1 公斤=1 kg。

中，可能对样品的性质产生显著影响，则应尽量保持原来状态。

（2）湿样品应在室温下自然干燥，使其达到适于破碎、筛分、缩分的程度。

（3）制备的样品应过筛后（筛孔为 5 mm）装瓶备用。

3. 制样程序

（1）粉碎。

可用机械或人工等方法逐步粉碎，大致分粗碎、中碎、细碎等阶段。粉碎过程中往往会引起样品组成的改变，应充分注意。如，粉碎的后阶段常会引起样品中水分含量的改变；粉碎机械表面的磨损，会使样品中引入某些杂质；粉碎、研磨过程中常会发热而使样品升温，引起挥发性组份的逸去；样品中坚硬的组份难于粉碎而飞溅逸出；较软的组份易成粉末而损失等。

（2）过筛。

先过较粗的筛子，随着颗粒逐渐减少，筛孔目数相应增加。任何一次过筛时，都要将未通过的粗粒进一步破碎，直至全部过筛为止，因粗粒与细粒往往成分不同，故不可将粗粒随意丢掉。

（3）混合。

粉碎、过筛后的样品，应加以混合，使组成均匀。混合可用机械方式或人工方式。

（4）缩分。

将样品于清洁、平整、不吸水的板面上堆成圆锥形，每铲物料自圆锥顶端落下，使其均匀地沿锥尖散落，不可使圆锥中心错位。反复转堆，至少三周，使其充分混合。然后将圆锥顶端轻轻压平，摊开物料后，用十字板自上压下，分成四等份，取两个对角的等份，重复操作数次，直至不少于 1 kg 试样为止。

对于液态固体废物，应充分摇动、搅拌，使之均匀混合；对于多项液态固体废物，应用分液漏斗进行分离，然后进行分层取样制备。

对于污泥类半固态废物，应干燥去水后再进行制备。

固体废物取样、制样是很重要、很复杂的工作，在确定了取样量、取样数、取样点、取样法的同时，还应编制好取样计划，做好质量保证等工作。只有这样，才能得到具有代表性的样品，保证分析测定结果的精确度。

4.2 固体废物物理化学性质测定实验

固体废物基本性质参数包括物理性质参数（含水率、容重）、化学性质参数（挥发分、灰分、可燃分、发热值、元素组成等）和生物性质参数。这些参数是评定固体废物性质、选择处理处置方法、设计处理处置设备等的重要依据，也是科研、实际生产中经常需要测量的参数，因此，需要掌握它们的测定方法。

4.2.1 固体废物水分含量的测定

1. 实验目的

掌握含水率的计算方法。

2. 实验原理

固体废物试样在（105±2）℃烘至恒重时的失重，即为样品所含水分的质量。

3. 实验仪器、设备

分析天平（万分之一），小型电热恒温烘箱，干燥器（内盛变色硅胶或无水氯化钙）。

4. 实验步骤

将样品破碎至粒径小于 15 mm 的细块，充分混和搅拌，用四分法缩分三次。难全部破碎的可预先剔除，在其余部分破碎缩分后，按缩分比例，将剔除成分部分破碎加入样品中。

将固体废物试样置于干燥的搪瓷盘内，放于干燥箱，在（105±5）℃的条件下烘4～8 h，取出放到干燥器中冷却0.5 h后称重，重复烘1～2 h，冷却0.5 h后再称重，直至恒重，使两次称量之差不超过固体废物试样量的千分之四。

5. 结果表达

$$水分（干基）\% = \frac{(m_1 - m_2)\times 100}{m_2 - m_0} \tag{4-1}$$

式中　m_0——烘干空铝盒的质量，g；

m_1——烘干前铝盒及土样质量，g；

m_2——烘干后铝盒及土样质量，g。

4.2.2　固体废物挥发分、灰分、可燃分的测定

1. 实验目的

本实验主要测定固体废物的挥发分、灰分、可燃分3个基本参数。

2. 实验原理

（1）灰分和挥发分。

灰分是指固体废物中既不能燃烧，也不会挥发的物质，用*A*（%）表示。它是反映固体废物中无机物含量的一个指标参数。挥发分和灰分一般同时测定；挥发分又称挥发性固体含量，是指固体废物在600 ℃下的灼烧减量，常用*VS*（%）表示。它是反映固体废物中有机物含量的一个指标参数。

（2）可燃分。

把固体废物试样在815 ℃的温度下灼烧，在此温度下，除了固体废物试样中有机物质均被氧化外，金属也成为氧化物，灼烧损失的质量就是试样中的可燃物含量，即可燃分。可燃分反映了固体废物中可燃烧成分的量。它既是反映固体废物中有机物含量的参数，也是反映固体废物可燃烧性能的指标参数，是

选择焚烧设备的重要依据。

3. 实验材料与仪器

（1）实验材料。

实验所用固体废物可根据实际情况选用人工配制的固体废物，也可以是实际产生的固体废物。

（2）实验仪器。

马弗炉，电子天平，烘箱，坩埚。

4. 实验步骤

（1）灰分和挥发分测定步骤。

① 准备 2 个坩埚，分别称取其质量，并记录下来；

② 各取 20 g 烘干好的试样（绝对干燥），分别加入准备好的 2 个坩埚中（重复样）；

③ 将盛放有试样的坩埚放入马弗炉中，在 600 ℃下灼烧 2 h，然后取出冷却；

④ 分别称量并计算含灰量，最后结果取平均值。

$$A=\frac{R-C}{S-C}\times 100\% \tag{4-2}$$

式中 A——试样灰分含量，%；

R——灼烧后坩埚和试样的总质量，g；

S——灼烧前坩埚和试样的总质量，g；

C——坩埚的质量，g。

⑤ 挥发分 VS（%）计算。

$$VS=(1-A)\times 100\% \tag{4-3}$$

（2）可燃分的分析步骤。

可燃分的分析步骤基本同挥发分的测定步骤，所不同的是灼烧温度。

① 准备 2 个坩埚，分别称取其质量，并记录下来；

② 各取 20 g 烘干好的固体废物试样（绝对干燥），分别加入准备好的 2 个坩埚中（重复样）；

③ 将盛放有固体废物试样的坩埚放入马弗炉中，在 815 ℃下灼烧 1 h，然后取出冷却；

④ 分别称量并计算含灰量，最后结果取平均值。

$$A' = \frac{R - C}{S - C} \times 100\% \tag{4–4}$$

式中　A'——固体废物试样灰分含量，%；

R——灼烧后坩埚和固体废物试样的总质量，g；

S——灼烧前坩埚和固体废物试样的总质量，g；

C——坩埚的质量，g。

⑤ 可燃分 CS（%）计算。

$$CS = (1 - A') \times 100\% \tag{4–5}$$

（3）填写记录表。

根据上述实验，完成表 4–4。

表 4–4　固体废物灰分、挥发分和可燃分测定结果

序号	测定参数	第 1 次	第 2 次	第 3 次	平均值	备注
1	灰分/%					
2	挥发分/%					
3	可燃分/%					

4.2.3　固体废物样品吸水率、抗压强度和颗粒容重的测定实验

1. 实验目的

（1）了解固体废物吸水率、抗压强度和颗粒容重的基本意义。

（2）掌握固体废物吸水率、抗压强度和颗粒容重的测定方法和原理。

2. 实验原理

（1）固体废物的吸水率是指材料试样放在蒸馏水中，在规定的温度与时间内吸水质量和式样原质量之比，吸水率可用来反映材料的显气孔率。

（2）固体废物的目的可分为体积密度、真密度等。体积密度是指不含游离水材料的质量与材料的总体积之比；真密度是指材料质量与材料实体积之比值。密度的测定基于阿基米德原理。

（3）固体废物的机械强度是指固体废物抗破碎的阻力。通常用静载下测定的抗压强度、抗拉强度、抗剪强度和抗弯强度来表示，抗压强度是最常用的固体废物的机械强度表示方法。

3. 实验设备与试剂

（1）恒温干燥箱。

（2）天平。

（3）游标卡尺。

（4）容积密度瓶。

（5）标准筛一个。

（6）干燥器一个。

（7）研钵一个。

（8）万能材料测试机一台。

（9）实验试剂蒸馏水。

4. 实验步骤

（1）固体废物的 1 h 吸水率 W 的计算公式：

$$W = \frac{m - m_0}{m_0} \times 100\% \tag{4-6}$$

式中 W——固体废物的 1 h 吸水率，%（计算精确到 0.01%）；

m_0——烘干试样的重量，g；

m——浸水后试样的重量，g。

（2）抗压强度的测试。

按照国家标准 GB/T 4740—1999 规定，在 WE–50 型液压式万能试验机上测试烧成固体废物样品的抗压强度。具体步骤如下：

① 将固体废物样品制成直径（20±2）mm、高（20±2）mm 的试样。

② 将试样置于温度为 110 ℃的烘箱中，烘干 2 h，然后放入干燥器，冷却至室温。

③ 测量并记录每块试样的直径和高度，精确至 0.1 mm。

④ 将试样放入试验机压板中心，并在试样两受压面衬垫 1 mm 厚的草纸板。

⑤ 选择适当的量程，以 2×10^2 N/s 的速度均匀加载直至试样破碎（以测力指针倒转时为准），记录试验机指示的最大载荷。

固体废物样品抗压强度极限按下式计算：

$$\sigma_c = \frac{4P}{\pi D^2} \tag{4-7}$$

式中　σ_c——抗压强度，MPa（精确至 0.01 MPa）；

P——试样受压破碎的最大载荷，N；

D——试样直径，mm。

（3）颗粒容重测试。

按照国家标准 JC/T 789—1981 规定，测试烧成固体废物样品的颗粒容重。取适量样品，放入量筒中浸水 1 h，然后取出（可采用测完 1 h 吸水率的试样进行测定），称重 m。将试样倒入 100 mL 的量筒里，再注入 50 mL 清水。如有试样漂浮水上，可将已知体积（V_1）的圆形金属板压入水中，读出量筒的水位（V）。固体废物的颗粒容重计算公式如下：

$$\gamma_k = \frac{m\times1\,000}{V - V_1 - 50} \tag{4-8}$$

式中　γ_k——固体废物颗粒容重，kg/m^3（计算精确至 10 kg/m^3）；

m——试样重量，g；

V_1——圆形金属板的体积，mL；

V——倒入试样和放入压板后量筒的水位，mL。

5. 数据分析

根据上述实验，完成表 4–5。

表 4–5 固体废物吸水率、抗压强度、颗粒容重测定结果

序号	测定参数	第 1 次	第 2 次	第 3 次	平均值	备注
1	吸水率/%					
2	抗压强度/MPa					
3	颗粒容重/（$kg\cdot m^{-3}$）					

6. 思考题

（1）固体废物的性质对破碎处理有何影响？

（2）固体废物的哪些结构特征会对其抗压强度产生影响？

（3）固体废物的吸水率、抗压强度和颗粒容重，三者之间有何种联系？

4.2.4 固体废物样品氮含量分析

1. 实验目的

掌握测氮的原理；熟悉凯氏定氮仪的使用。

2. 实验原理

试样在催化剂（即硫酸钾、五水合硫酸铜与硒粉的混合物）的参与下，用浓硫酸消煮时，各种含氮有机化合物经过复杂的高温分解反应，转化为铵态氮。碱化蒸馏出来的氨用硼酸吸收后，以酸标准溶液滴定，可计算出固体废物全氮含量（不包括全部硝态氮）。

3. 试剂

（1）浓硫酸，ρ=1.84 g/mL；浓盐酸，ρ=1.19 g/mL；无水碳酸钠（Na_2CO_3）基准试剂，使用前须经 180 ℃干燥 2 h；2%硼酸吸收液（*m*/*V*）；35%氢氧化钠溶液（*m*/*V*）；0.02 mol/L 盐酸标准溶液（使用前须标定）。

（2）甲基红–溴甲酚绿指示剂：分别称取 0.3 g 溴甲酚绿和 0.2 g 甲基红（精确至 0.01 g）于研钵中，加入少量 95%乙醇研磨至指示剂全部溶解，用 95%乙醇稀释至 100 mL，可保存一个月。

（3）催化剂：分别称取 100 g 硫酸钾、10 g 五水合硫酸铜（$CuSO_4 \cdot 5H_2O$）和 1 g 硒粉于研钵中研细并充分混合均匀，储存于磨口瓶中。

4. 主要仪器

分析天平（万分之一天平），可调电炉，KDY–9820 型凯式定氮仪（北京市通润源机电技术有限责任公司）。

5. 操作步骤

（1）试样的消解。

称取约 0.5 g 试样（精确至 0.000 1 g）于三角瓶中，加入少量的蒸馏水湿润样品，加 2 g 催化剂和 8.0 mL 浓硫酸，摇匀，瓶口盖一小漏斗，置于调温电炉上低温加热，待瓶内反应缓和时（约 30 min），适当调高温度，使溶液保持微沸，温度不宜过高，以硫酸蒸气在瓶颈上部 1/3 处冷凝回流为宜，待消解液全部变为灰白稍带绿色后，再继续消解 1 h，停止加热使其冷却。将上述冷却后的消解液全部转移到 50 mL 容量瓶中，并用少量蒸馏水洗涤 2～3 次一并转移至 50 mL 容量瓶中，定容、摇匀，静置得到上清液。

（2）氨的蒸馏。

从 50 mL 中吸取 10.00 mL 消解液于消煮管中，上凯式定氮仪，加硼酸 2 s 和氢氧化钠 3 s，蒸馏 4 min，取下用标准盐酸滴定。

6. 分析结果表达

$$全氮浓度\ c(\%)=(V-V_0)\times C_0\times 14.01\times 5\times 100/(1\,000\times m) \quad (4-9)$$

式中 V——滴定试样所用盐酸标准溶液体积，mL；

V_0——滴定空白时所用盐酸标准溶液的体积，mL；

C_0——盐酸标准溶液的浓度，mol/L；

5——分取倍数；

m——试样质量，g；

14.01——氮原子的摩尔质量，g/mol。

7. 备注

盐酸标准溶液的标定：称取适量的 270 ℃～300 ℃灼烧至质量恒定的基准无水碳酸钠，精确至 0.000 1 g，溶于 50 mL 水中，加 10 滴溴甲酚绿–甲基红混合指示液，用配制好的盐酸溶液滴定至溶液由绿色变为暗红色，再煮沸 2 min，冷却后，继续滴定至溶液再呈暗红色，记录所用盐酸溶液的体积。

$$C(\mathrm{HCl, mol/L})=\frac{m(\mathrm{Na_2CO_3})}{M\left(\frac{1}{2}\mathrm{Na_2CO_3}\right)\cdot V(\mathrm{HCl})}\times 1\,000 \quad (4-10)$$

式中 m（Na_2CO_3）——称取无水碳酸钠的质量，g；

M（1/2 Na_2CO_3）——基本单元 1/2 Na_2CO_3 的摩尔质量，g/mol；

V（HCl）——滴定消耗的 HCl 标准溶液的体积，mL；

C（HCl）——所求盐酸标准溶液的浓度，mol/L。

4.2.5 固体废物样品磷含量分析

1. 实验目的

掌握测磷的原理；熟悉分光光度计的使用。

2. 原理

垃圾样品经硫酸–高氯酸消煮，其中难溶盐和含磷有机物分解形成正磷酸盐进入溶液。在酸性条件下，磷与钼酸铵反应生成黄色的三元杂多酸，于420 nm 波长处进行比色测定。

3. 试剂

（1）浓硫酸（H_2SO_4，ρ=1.84 g/mL，分析纯）。

（2）高氯酸（$HClO_4$，ρ=1.68 g/mL，分析纯）。

（3）10%（*m*/*V*）无水碳酸钠（Na_2CO_3）溶液。

（4）2，6–二硝基酚（$C_6H_4N_2O_5$）指示剂。称取 0.2 g 2，6–二硝基酚溶于100 mL 水中。

（5）浓硝酸（HNO_3，ρ=1.40 g/mL，优级纯）。

（6）钼酸铵［$(NH_4)_6MO_7O_{24}\cdot 4H_2O$］溶液。将 25 g 钼酸铵溶于 400 mL 水中。

（7）偏钒酸铵（NH_4VO_3）溶液。将 1.25 g 偏钒酸铵溶于 300 mL 沸水中，冷却后，加入 50 mL 浓硝酸，冷却至室温。

（8）钼酸铵–偏钒酸铵混合溶液。将钼酸铵溶液慢慢加入偏钒酸铵溶液中稀释至 1 000 mL，若有沉淀应过滤。

（9）磷标准储备液。准确称取经 105 ℃～110 ℃烘干 1 h 并在干燥器中冷却至室温的磷酸二氢钾（KH_2PO_4）2.197 0 g，溶于水中，定容至 500 mL。此标准储备液的磷浓度为 1 mg/mL。本溶液在棕色玻璃瓶中可储存 6 个月。

（10）磷标准使用液。吸取磷标准储备液 10 mL 于 500 mL 容量瓶中定容，此溶液的磷含量为 20 μg/mL。该溶液须在临用时现配。

4. 仪器

754 可见紫外分光光度计，分析天平，可调温电炉。

5. 操作步骤

（1）标准曲线的绘制。

分别吸取磷标准使用液（20 mg/L）0.00、1.00 mL、2.00 mL、4.00 mL、5.00 mL、6.00 mL、8.00 mL 加入 7 个 50 mL 容量瓶中，滴加 2，6–二硝基酚指示剂 2 滴，用 10%无水碳酸钠溶液调至黄色，再加入 10 mL 偏钒钼酸铵混合溶液后定容，即得一系列（0.00、0.40 kg/mL、0.80 kg/mL、1.60 kg/mL、2.00 kg/mL、2.40 kg/mL、3.20 kg/mL）磷标准使用溶液。将该系列溶液在室温下放置 30 min，在波长 420 nm 处进行比色，读取吸光值，绘制标准曲线。

（2）试样消解。

称取约 0.5 g 的试样，精确至 0.000 1 g 于锥形瓶中，用水润湿试样，加入 3.0 mL 浓硫酸，滴加 20 滴高氯酸，瓶口盖一小漏斗，将锥形瓶置于电炉上加热消煮，开始温度不宜过高，炉丝微红，勿使硫酸冒白烟，消化 5～8 min。如样品呈灰白色，继续消煮，使硫酸发烟回流，全部消煮时间 40～60 min。取下锥形瓶冷却至室温，将瓶内消煮液全部转移到 100 mL 容量瓶中，加水至刻度，摇匀，静置得到上清液测定。

（3）试样的测定。

吸取 10 mL 上清液于 50 mL 容量瓶中，用水稀释至总体积约 3/5 处。滴加 2，6–二硝基酚指示剂 2 滴，用 10%无水碳酸钠溶液调至黄色，以下操作同（1）。室温下放置 30 min，在波长 420 nm 处进行比色，以空白试样为参比液调节仪器零点，进行比色测定，读取吸光值，从校准曲线上查得相应的含磷量。

6. 分析结果的表述

$$\text{垃圾中全磷百分含量(\%)} = m \times V_1 \times V_3 \times 100 / (m_1 \times V_2 \times 10^6) \qquad (4\text{–}11)$$

式中 m——从标准曲线上查得待测液中磷的浓度，mg/L；

m_1——称样量，g；

V_1——消解液定容体积，mL；

V_2——消解液吸取量，mL；

V_3——待测液定容体积，mL。

4.2.6　固体废物样品钾含量分析

1. 实验目的

掌握测钾的原理；熟悉火焰光度计的使用。

2. 原理

垃圾中的有机物和各种矿物，在高温（720 ℃）及熔融氢氧化钠熔剂的作用下被氧化和分解。用酸溶解灼烧产物，使钾转化为钾离子，经适当稀释，可直接用火焰光度计测定。

3. 试剂

本标准所用试剂除另有说明外，均为分析纯。

（1）无水乙醇（CH_3CH_2OH）。

（2）氢氧化钠（NaOH）。

（3）盐酸（HCl），1+1（V/V）。

（4）0.2 mol/L 硫酸（H_2SO_4）溶液。

（5）硫酸（H_2SO_4）溶液，1+3（V/V）。

（6）钾标准储备液：称取在 110 ℃烘干 2 h 的氯化钾（KCl）0.190 7 g，用水溶解后定容至 1 L，摇匀储存于塑料瓶中，此 1 L 溶液含钾为 100 mg。

4. 仪器

30 mL 镍坩埚，马弗炉，火焰光度计（6400A 型，上海第三分析仪器厂）。

5. 操作步骤

（1）标准曲线的绘制。

取6只50 mL容量瓶，分别加入钾标准储备溶液0.00、0.50 mL、1.00 mL、2.00 mL、4.00 mL、8.00 mL，再加入5 mL 1 mol/L氢氧化钠和（1+3，*V*/*V*）硫酸 0.5 mL，用水定容至 50 mL。此系列溶液浓度分别为0.00、1.00 mg/L、2.00 mg/L、4.00 mg/L、8.00 mg/L、16.00 mg/L。用钾浓度为零的溶液调节仪器零点，并按照仪器操作程序进行测定，绘制标准曲线。

（2）待测液制备。

称取约0.25 g的试样（精确至0.000 1 g）于镍坩埚底部，加少量的无水乙醇，使样品湿润后加2 g固体氢氧化钠，平铺于样品表面，将镍坩埚置于马弗炉中，开始加热升温，当炉温升400 ℃时，关闭电源15 min。以防镍坩埚内容物溢出，再继续升温至720 ℃，保持15 min，关闭电炉待炉温至400 ℃以下后，取出镍坩埚使其冷却，加入10 mL水，并加热至80 ℃左右，用小玻璃棒轻轻搅拌，防止液外溅，再煮沸5 min，冷却后转入50 mL容量瓶中，用少量0.2 mol/L硫酸溶液清洗镍坩埚数次，洗液一并倒入容量瓶内，使总体积约为40 mL，再加（1+1，*V*/*V*）盐酸5滴和（1+3，*V*/*V*）硫酸5 mL，用水定容，放置澄清待测，同时进行空白实验。

（3）待测液的测定。

吸取待测液 10.00 mL（或适量）于 50 mL 容量瓶中，用水稀释至刻度，并摇匀用火焰光度计测定。从标准曲线上查出待测液钾的浓度。

6. 结果表达

$$垃圾中全钾百分含量(\%) = m \times V_1 \times V_3 \times 100/(m_1 \times V_2 \times 10^6) \quad (4\text{–}12)$$

式中 m——从标准曲线上查得待测液中磷的浓度，mg/L；

m_1——称样量，g；

V_1——消解液定容体积，mL；

V_2——消解液吸取量，mL；

V_3——待测液定容体积，mL。

4.2.7　固体废物中的重金属（铅、镉）含量分析

1. 实验目的

掌握重金属（铅、镉）的测定原理；了解原子吸收分光光度计的使用原理；掌握原子吸收分光光度计的操作方法。

2. 原理

试样经硝酸、高氯酸消解后，采用盐酸–碘化钾–甲基异丁基甲酮体系萃取富集消解液中的铅、镉，用空气–乙炔火焰原子吸收法测定铅、镉吸光度，用标准曲线法定量。

3. 试剂

（1）盐酸（HCl），ρ=1.19 g/mL。

（2）盐酸溶液，1+1（*V*/*V*）。

（3）0.2%盐酸溶液（*V*/*V*）。

（4）硝酸（HNO_3），ρ=1.42 g/mL。

（5）硝酸溶液，1+1（*V*/*V*）。

（6）高氯酸（$HClO_4$），ρ=1.67 g/mL。

（7）10%抗坏血酸（*m*/*V*）。

（8）16.6%碘化钾水溶液（*m*/*V*）。

（9）甲基异丁基甲酮（MIBK）。

（10）镉标准储备液 1.000 mg/mL。准确称取 1.000 0 g（精确至 0.000 2 g）高纯金属镉，用 20 mL（1+1，*V*/*V*）硝酸溶液稍微加热至完全溶解，转移到 1 000 mL 的容量瓶中，用水稀释至标线，摇匀。

（11）铅标准储备液 1.000 mg/mL。准确称取 1.000 0 g（精确至 0.000 2 g）高纯金属铅，用 20 mL（1+1，*V*/*V*）硝酸溶液稍微加热至完全溶解，转移到

1 000 mL 的容量瓶中，用水稀释至标线，摇匀。

（12）铅、镉标准使用液。铅 5 μg/mL，镉 0.25 μg/ml，用盐酸溶液逐级稀释，进行铅、镉标准储备液配制。

4. 仪器

日立 Z-5000 型原子吸收分光光度计（日产），分析天平（万分之一），电热板。

5. 实验步骤

（1）标准曲线的绘制。

分别吸取铅、镉混合标准使用溶液 0.00、0.50 mL、1.00 mL、2.00 mL、3.00 mL、5.00 mL 于 50 mL 比色管中，再加入 0.5 mL 盐酸溶液（1+1，*V*/*V*）并加蒸馏水至 25 mL。再加入 2 mL10%抗坏血酸溶液，5 mL 碘化钾溶液，摇匀。最后准确加入 5.00 mL 甲基异丁基甲酮，萃取 2 min 并静置分层。吸取上层有机相，并用原子吸收分光光度火焰法进行铅和镉的测定。此时，MIBK 中铅的浓度分别为 0.00、0.50 μg/mL、1.00 μg/mL、2.00 μg/mL、3.00 μg/mL、5.00 μg/mL；镉的浓度分别为 0.00、0.025 μg/mL、0.05 μg/mL、0.10 μg/mL、0.15 μg/mL、0.25 μg/mL。

（2）试样的测定。

称取试样 2.0 g（精确至 0.000 1 g）于 150 mL 三角瓶中，同时制作两个空白试样，加少许蒸馏水湿润试样，加浓硝酸 20 mL，盖上小漏斗浸泡过夜，之后在电热板上消解近干，取下冷却后再加 8.0 mL 高氯酸（视试样中有机质的量而定），继续消化至白烟几乎赶尽、残渣变成灰白色近干为止。取下三角瓶冷却后加入 1 mL（1+1，*V*/*V*）盐酸，溶解后将溶液转移到 50 mL 容量瓶中定容。溶液澄清后吸取上清液 25.00 mL 于 50 mL 容量瓶中，以下步骤同（1）。

6. 分析结果的表述

$$\text{铅、镉的含量}\ c\ (\text{mg/kg}) = m \times 2 / m_{\text{样}} \tag{4-13}$$

式中 c——试样的浓度，mg/kg；

m——标准曲线上查得试样中铅、镉的量，μg；

2——分取倍数；

$m_{样}$——称样量，g。

4.2.8　固体废物中的重金属（铜、锌）含量分析

1. 试验目的

掌握重金属（铜、锌）的测定原理；了解原子吸收分光光度计的使用原理；掌握原子吸收分光光度计的操作方法。

2. 原理

采用硝酸–高氯酸全分解的方法，彻底破坏样品，使试样中的待测元素全部溶解进入到溶液。然后，将样品消解液经过 AAS 法测定。在高温火焰下，铜、锌化合物离解为基态原子，该基态原子蒸气对相应的空心阴极灯发射的特征谱线产生选择性吸收。在特定波长下，测铜、锌的吸光度。如果样品本身铁含量较高，则会抑制锌的吸收，可加入硝酸镧溶液加以消除共存成分的干扰。

3. 试剂

（1）盐酸（HCl），ρ=1.19 g/mL。

（2）硝酸（HNO_3），ρ=1.42 g/mL。

（3）硝酸溶液，1+1（V/V）。

（4）硝酸溶液，体积分数 0.2%。

（5）高氯酸（$HClO_4$），ρ=1.67 g/mL。

（6）硝酸–高氯酸混合液，$V(HNO_3)/V(HClO_4)=1/4$。

（7）硝酸镧水溶液，质量分数为 5%。

（8）铜标准储备液，1.000 mg/mL。称取 1.000 0 g（精确至 0.000 2 g）高纯金属铜于 50 ml 烧杯中，加入硝酸溶液 20 ml，温热，待完全溶解后，转至 1 000 mL 的容量瓶中，用水定容至标线，摇匀。

（9）锌标准储备液，1.000 mg/mL。称取 1.000 0 g（精确至 0.000 2 g）高纯金属锌于 50 mL 烧杯中，加入硝酸溶液 20 mL，温热，待完全溶解后，转至 1 000 mL 容量瓶中，用水定容至标线，摇匀。

（10）铜、锌混合标准使用液。铜 20.0 mg/L，锌 10.0 mg/L：用硝酸溶液逐级稀释，进行铜、锌标准储备液配制。

4. 仪器

日立 Z–5000 型原子吸收分光光度计（日产），分析天平（万分之一），电热板。

5. 试验步骤

（1）标准曲线的绘制。

分别吸取铜、锌混合标准使用液 0.00、0.50 mL、1.00 mL、2.00 mL、3.00 mL、5.00 mL 于 50 mL 容量瓶中，各加入 5 mL 硝酸镧溶液，用硝酸溶液（体积分数 0.2%）定容至刻度，摇匀，待测。此时，溶液中 Cu 的浓度分别为 0.00、0.20 μg/mL、0.40 μg/mL、0.80 μg/mL、1.20 μg/mL、2.00 μg/mL；Zn 的浓度分别为 0.00、0.10 μg/mL、0.20 μg/mL、0.40 μg/mL、0.60 μg/mL、1.00 μg/mL。

（2）试样的测定。

称取样品约 1.0 g（精确至 0.000 2 g），放于 150 mL 锥形瓶中，同时做空白两个，用少许蒸馏水润湿后，分别加入浓硝酸 15.00 mL，瓶口盖一弯颈小漏斗浸泡过夜，然后于电热板上消煮，由低温逐渐升温使液面保持微沸状态，当激烈反应完毕后，大部分有机物被完全分开，取下锥形瓶，稍冷后沿瓶壁加入 8.00 mL 硝酸–高氯酸混合液继续消解，直至高氯酸冒白烟，内容物成浆状，残渣发白近干。取下稍冷，用水冲洗瓶内壁，并加入 1 mL 硝酸溶液温热溶解残渣。然后将溶液转移至 50 mL 容量瓶中，加入 5 mL 硝酸镧溶液，冷却后用蒸馏水定容至标线摇匀，备测。最后上原子吸收分光光度计测定其吸光度。

6. 结果表达

样品中铜、锌的含量 W（Cu、Zn，mg/kg）按下式计算：

$$W = \frac{cV}{m} \tag{4-14}$$

式中　c——试液的吸光度减去空白试液的吸光度，然后在校准曲线上查得铜、锌的含量，mg/L；

V——试液定容的体积，mL；

m——称取试样的质量，g。

4.2.9　固体废物中的重金属（汞）含量分析

1. 实验目的

掌握重金属（汞）的测定原理；了解测汞仪的使用原理；掌握测汞仪的操作方法。

2. 原理

汞蒸气对波长 253.7 nm 的紫外光具有强烈的吸收作用。试样通过消化/氧化将其中所有有机态和无机态的汞转变为汞离子，再用氯化亚锡将汞离子还原成元素汞，用载气将汞原子载入测汞仪的吸收池，进行测定。在一定条件下，汞浓度与吸收值成正比。

3. 试剂

（1）浓硫酸（H_2SO_4）。

（2）硝酸（HNO_3）。

（3）盐酸（HCl）。

（4）硫酸–硝酸混合液，1+1（V/V）。

（5）重铬酸钾（$K_2Cr_2O_7$）。

（6）高锰酸钾（$KMNO_4$）溶液，2%：将 2 g $KMNO_4$ 用水溶解后，定容至 100 mL，储于棕色瓶中。

（7）盐酸羟胺溶液，20%。将 20 g 盐酸羟胺用水溶解后稀释至 100 mL。该溶液不可久储。

（8）五氧化二钒（V_2O_5）。

（9）氯化亚锡（$SnCl_2$）溶液（现配），20%。将 20 g 氯化亚锡加入 20 mL 浓盐酸中，微微加热溶解，冷却后用水稀释至 100 mL，加几颗锡粒密塞保存。

（10）汞标准固定液（称固定液），0.5 g/L。将 0.5 g 重铬酸钾溶于 950 mL 水中，再加入 50 mL 浓硝酸。

（11）稀释液。将重铬酸钾 0.2 g 溶于 900 mL 水中，加入浓硫酸 28 mL，冷却后定容至 1 000 mL。

（12）汞标准储备液，100 μg/mL。称取在硅胶干燥器中放置过夜的氯化汞（$HgCl_2$）0.135 4 g，用固定液溶解后转移至 1 000 mL 容量瓶中，再用固定液定容，摇匀。

（13）汞标准使用液，0.10 μg/mL。吸取汞标准储备液 1 mL，用固定液定容至 1 000 mL，摇匀，于室温下阴凉处保存，通常可使用 3 个月。

4. 仪器

测汞仪（F732–V），分析天平（万分之一），电热板。测汞仪示意图如图 4–1 所示。

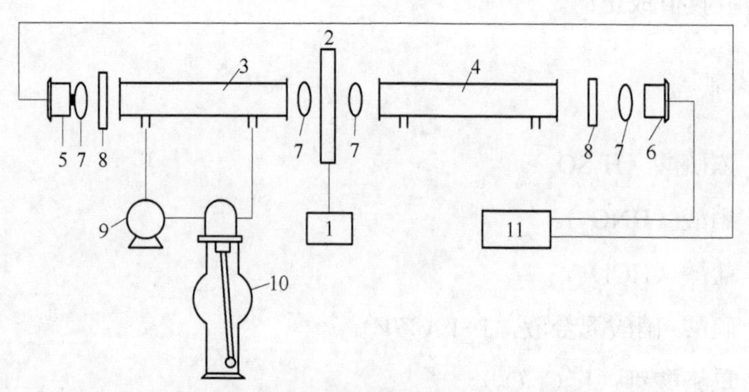

图 4–1　双光束冷原子吸收测汞仪示意图

1—汞灯电源；2—汞灯；3—工作吸收池；4—参比吸收池；5—工作光敏器件；6—参比光敏器件；7—透镜片；8—滤色片；9—循环泵；10—还原瓶；11—放大器及数显

5. 实验步骤

（1）标准曲线的绘制。

取 100 mL 容量瓶 8 个，准确吸取汞标准使用液 0.00、0.50 mL、1.00 mL、1.50 mL、2.00 mL、2.50 mL、3.00 mL 和 4.00 mL 注入容量瓶中，加稀释液至标线，摇匀。之后按测汞仪说明书操作，测定吸光度。

（2）试样的测定。

称取约 0.5 g 试样（精确至 0.000 1 g）于 150 mL 锥形瓶中，用少量的蒸馏水润湿，加入五氧化二钒约 50 mg，浓硝酸 10～20 mL，浓硫酸 5 mL，瓶口放一小漏斗静置过夜。置锥形瓶于电热板上加热至冒大量白烟，此时残渣呈灰白色，溶液为绿色，取下稍冷却后，加入 20 mL 蒸馏水继续消煮 15 min。取下冷却，滴加高锰酸钾溶液至紫色不褪。在临测定前边摇边滴加盐酸羟胺溶液直至刚好过剩的高锰酸钾及壁上的水合二氧化锰全部褪色为止。然后转移到 100 mL 容量瓶中，用稀释液定容，保留上清液用于测定。

吸取 10.00 mL 得到的上清液于反应瓶中，加入 1 mL 20%氯化亚锡溶液，立即进行测定，并减去空白实验的测定值。

6. 结果表达

汞含量 C（mg/kg）按下式计算：

$$C=\frac{mV_{样}}{Vm_{样}} \tag{4-15}$$

式中　m——曲线上查得试样中汞的含量，μg；

$V_{样}$——试样定容体积，mL；

V——吸取消化液的体积，mL；

$m_{样}$——称样量，g。

4.2.10 固体废物中砷含量分析

1. 实验目的

掌握砷的测定原理；掌握测砷的方法。

2. 原理

在硫酸介质中，锌粒与酸作用产生新生态氢。在碘化钾和氯化亚锡存在下，可使五价砷还原为三价砷，三价砷与新生态氢作用生成砷化氢气体，通过用乙酸铅处理的脱脂棉除去硫化物后，吸收于二乙基二硫代氨基甲酸银三乙醇胺三氯甲烷溶液中，并生成红色络合物，在波长 510 nm 处测定吸收液的吸光度。

3. 试剂

（1）浓硫酸（H_2SO_4），ρ=1.84 g/mL。

（2）硫酸溶液，1+1（$V+V$）。

（3）硝酸（HNO_3），ρ=1.42 g/mL。

（4）高氯酸（$HClO_4$），ρ=1.68 g/mL。

（5）盐酸（HCl），ρ=1.19 g/mL。

（6）15%碘化钾溶液（m/V）。15 g 碘化钾（KI）溶于蒸馏水中，并稀释至 100 mL，储于棕色瓶内（变黄不能用）。

（7）40%氯化亚锡溶液（m/V）。40 g 氯化亚锡（$SnCl_2 \cdot 2H_2O$）溶于浓盐酸（HCl）中，微热，待溶解为澄清溶液后，冷却，用蒸馏水稀释至 100 mL 加数粒金属锡（Sn）保存。

（8）硫酸铜溶液，15 g$CuSO_4$ 溶于蒸馏水配成 100 mL 溶液。

（9）10%乙酸铅溶液。

（10）乙酸铅棉球。将 10 g 脱脂棉浸入 100 mL10%乙酸铅溶液中，浸透后取出晾干。

（11）无砷锌粒（Zn）。

（12）二乙基二硫代氨基甲酸银（$C_5H_{10}NS_2Ag$）。

（13）三乙醇胺〔（$HOCH_2CH_3$）$_3N$〕。

（14）氯仿（$CHCl_3$）。

（15）砷化氢吸收溶液。称取 0.256 g 二乙基二硫代氨基甲酸银，用少量氯仿溶成糊状，加入三乙醇胺 2 mL，再用氯仿稀释到 100 mL，用力振动使之溶解后，于暗处放置 24 小时，用定性滤纸过滤至棕色瓶中，在冰箱中保存。

（16）NaOH 溶液，2 mol/L。

（17）砷标准储备溶液，1 000.0 mg/L。将三氧化二砷于 110 ℃下烘 2 h，冷却后准确称取 0.132 0 g，用 2 mL 氢氧化钠溶液溶解后，加入硫酸溶液 10 mL，转移到 100 mL 容量瓶中，用水稀释到刻度，充分摇匀。

（18）砷标准使用溶液，1.0 mg/L。吸取 1.00 mL 砷标准溶液于 1 000 mL 容量瓶中，用水稀释到刻度，充分摇匀。

注：三氧化二砷为剧毒化学药品（俗称砒霜），用时要小心，切勿入口。

4. 仪器

可见紫外分光光度计（754 型），砷化氢发生器（见图 4–2），分析天平（万分之一）。

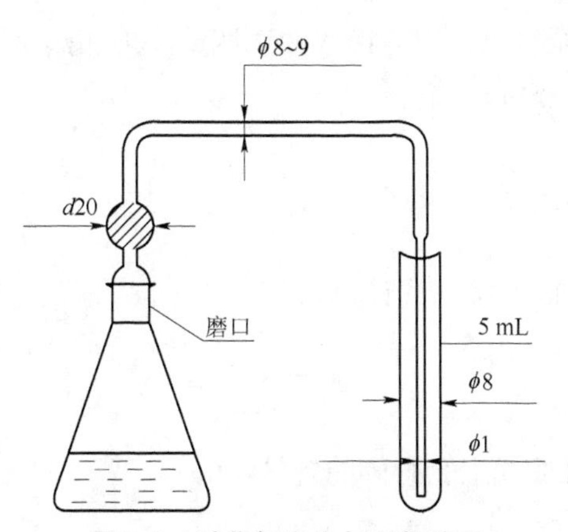

图 4–2　砷化氢发生与吸收装置

5. 实验步骤

（1）标准曲线的绘制。

分别量取砷标准使用液 0.00、1.00 mL、2.50 mL、5.00 mL、10.00 mL、15.00 mL、20.00 mL、25.00 mL 于砷化氢发生器的锥形瓶，加入 7 mL 硫酸溶液（1+1，V/V），加蒸馏水稀释至 50 mL 之后，各瓶分别含 0.00 μg、1.00 μg、2.50 μg、5.00 μg、10.00 μg、15.00 μg、20.00 μg、25.00 μg 的砷。

分别向各瓶中加入 4 mL KI 溶液，摇匀，再加入 2 mL $SnCl_2$ 溶液，混匀（每加一种试剂均需摇匀），放置 20 min，于各吸收管分别加入 5 mL 吸收液，插入装有乙酸铅棉球的导气管（每次用完后用三氯甲烷洗涤，并保持干燥备用），迅速向各发生瓶中加入 1 mL 硫酸铜溶液和预先称好的 4 g 无砷锌粒，塞紧瓶塞，并在室温下反应 1 h。待反应完毕后，用三氯甲烷将吸收液体积补足至 5 mL，摇匀。保留吸收液，以试剂空白为参比，在波长 510 nm 下测定其吸光度。

（2）试样的测定。

称取约 0.5 g 的试样（精确至 0.000 1 g）于砷化氢发生器的锥形瓶中，同时做空白两个，用少量水湿润样品，加 7 mL 硫酸溶液（1+1，V/V）、2 mL 高氯酸，瓶口放一小漏斗，浸泡过夜，于电热板上低温加热，逐渐升高温度至冒大量白烟，保持在此温度下，继续消化样品至完全变白，试液呈白色或淡黄色。取下锥形瓶，冷却至室温。用蒸馏水冲洗瓶壁，再加热至冒白烟以驱尽硝酸，之后按（1）中的步骤进行测定。

6. 分析结果的表述

砷含量 C（mg/kg）按下式计算：

$$C=\frac{m}{m_{样}} \tag{4-16}$$

式中 m——从标准曲线上查得砷的含量，μg；

$m_{样}$——称样量，g。

7. 注意事项

（1）吸收液的高度应保持在 8～10 cm 为宜，且各管的高度应一致。

（2）各反应瓶的反应温度及酸度应保持一致，否则会影响精密度。

（3）试样的保存应用硫酸调至 pH 值小于 2，不可用硝酸。因硝酸浓度在 0.01 mol/L 时对砷的测定有负干扰。

（4）吸收管毛细管的口径必须小于 1.0 mm。

（5）有时空白值偏高是因为 DDC–Ag（二乙基二硫代氨基甲酸银）试剂变质。

（6）二乙基二硫代氨基甲酸银溶液颜色变深时，需要重配或用活性炭脱色后再用，否则会引起空白偏高。

（7）当反应环境温度很高，还原反应速度激烈时，可适当减少浓硫酸的用量或将砷化氢发生器放入冰水中，并不断补充氯仿于吸收管中，使吸收液高度一致。

（8）醋酸铅棉稍有变黑时，即应更换。

4.2.11　固体废物热值测定

1. 实验目的

（1）掌握氧弹量热计的使用，包括用氧弹量热计测定固体废物的燃烧热。

（2）掌握精密贝克曼温差温度计的使用。

（3）掌握氧气钢瓶的使用。

2. 实验原理

称取一定量的试样置于氧弹内，并在氧弹内充入 1.5～2.0 MPa 的氧气，然后通电点火燃烧。燃烧时放出的热量传给水和量热器，由水温的升高（ΔT）即可求出试样燃烧放出的热量：

$$Q=K\cdot\Delta T \tag{4–17}$$

式中 K——整个量热体系（水和量热器）温度升高 1 ℃所需的热量，称为量热计的水当量，其值由已知燃烧热的苯甲酸（标样）确定。

$$K=Q/\Delta T \tag{4-18}$$

式中 ΔT——体系完全绝热时的温升值（实测的ΔT须进行校正）。

3. 实验试剂与仪器

（1）试剂。

分析纯苯甲酸（Q_v=26 480 J/g），固体废物样品，引火丝（采用铁丝，Q=6 700 J/g）。

（2）仪器。

HR–15A 数显型氧弹量热计一台（见图 4–3 和图 4–4），压片机（苯甲酸和样品各用一台），精密贝克曼温差温度计（精确至 0.01 ℃，记录数据时应记录至 0.002 ℃），台秤一台，分析天平一台。

4. 实验步骤

（1）水当量的测定。

① 量取 10 cm 引火丝，在分析天平上称重（约 0.010 g）。

② 压片。在台秤上称取苯甲酸 1～1.2 g；用压片机压片，同时将燃烧丝压入。注意压片前后应将压片机擦干净，苯甲酸和样品不能混用一台压片机。

③ 称重。将片样表面刷净，然后在分析天平上准确称重至 0.000 2 g，减去引火丝重量后即得试样重量。

④ 系燃烧丝。拧开氧弹盖，将盖放在专用架上。将坩埚放在坩埚架上，然后将试样置入其中，并将引火丝的两端系紧在两个电极上，用万用表检查两电极是否通路。

⑤ 充氧。取少量（约 2 mL）水放入氧弹中（吸收空气中的 N_2 燃烧而成的 HNO_3）；盖好并拧紧弹盖，接上充气导管，慢慢旋紧减压阀螺杆，缓慢进气至出口表上指针指在 1.5～2.0 MPa，充气约 1 min 后，取下充气管，关好钢瓶阀门。

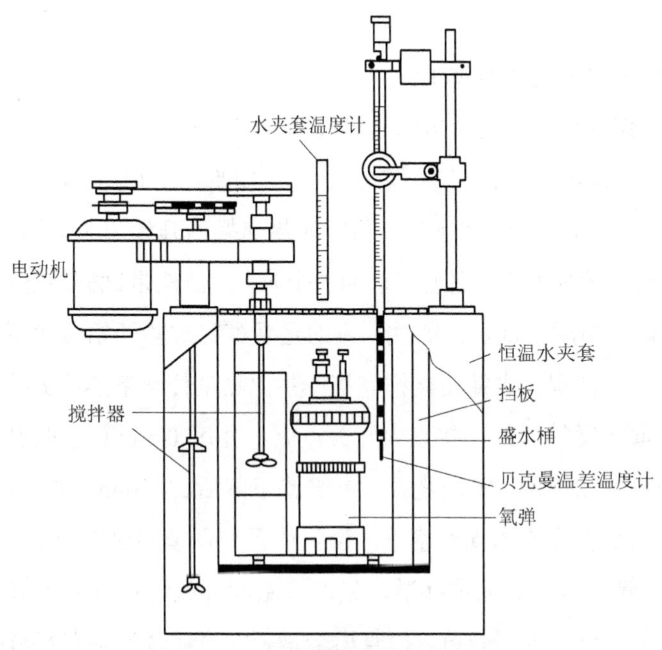

图 4–3　氧弹热量计安装示意图

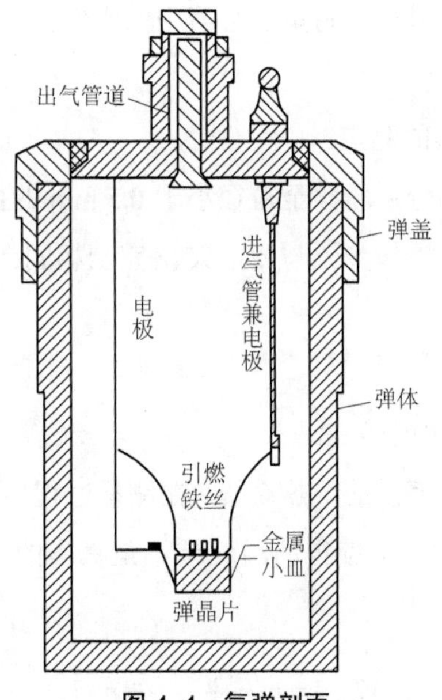

图 4–4　氧弹剖面

⑥ 用容量瓶取 3 000 mL 水倒入量热容器中，并将氧弹放入，检查是否漏气。

⑦ 将点火电极套在氧弹上。

⑧ 将贝克曼温差温度计置入量热器中。

⑨ 接通电源，开动搅拌器，5 min 后，开始记录时间（t）–温度（T）数据（即量热计与周围介质间建立起稳定的热交换后开始记录数据）。整个实验过程中，数据记录分前期、主期和末期 3 个阶段：前期是试样燃烧以前的阶段。每隔 1 min 读取温度一次，共 6 次。目的是观察在实验开始温度下，量热体系与环境的热交换情况。主期是试样燃烧，并把热量传给量热计的阶段。在前期最后一次读取温度的同时，按点火开关点火，并每 0.5 min 读取温度一次，直至温度持平或开始下降。末期是温度持平或下降后的 5 min，每 0.5 min 读取温度一次，目的是观察在末期温度下，量热体系与环境的热交换情况。

⑩ 测温停止后，关闭搅拌器，先取下温度计放好；再取出氧弹擦干，套上放气罩释放余气，拧开弹盖，检查燃烧是否完全（若弹中有炭黑或未燃尽的试样，则表明实验失败）。若燃烧完全，则取下剩余的引火丝，量取长度，求出实验消耗掉的长度。最后，将量热容器中的水倒出，用毛巾擦干全部设备，以待下次使用。

（2）样品的燃烧热的测定。

将样品用四分法缩分后粉碎至粒径小于 0.5 mm 的微粒，并在（105±5）℃的条件下烘干至恒重。操作步骤与测定 K 值完全相同。

5. 数据处理

（1）温度校正值ΔT的确定。

氧弹式量热计不是严密的绝热系统，在测量过程中，系统与环境难免发生热交换，因此，从温度计上读得的温度差不是真实的温度差，可用下式进行校正：

$$\Delta T_{校正} = m \cdot \frac{V_1 + V_2}{2} + r \cdot V_2 \qquad (4\text{–}19)$$

式中 V_1——前期温度平均变化率；

V_2——末期温度平均变化率；

m——主期升温速率＞0.3 ℃/0.5 min 的间隔数（点火后第一间隔不管升温多少，都包括在 m 内）；

r——主期升温速率＜0.3 ℃/0.5 min 的间隔数。

（2）仪器的水当量 K 的确定。

$$K=\frac{W\cdot Q_1+l\cdot Q_2}{T_2-T_1+\Delta T_{校正}} \tag{4-20}$$

式中 W——苯甲酸质量，g；

Q_1——苯甲酸热值（Q_v=26 480 J/g）；

l——烧掉的引火丝长度，折算成质量，g；

Q_2——引火丝热值（Q=6.694 kJ/g）。

（3）样品燃烧热 Q 的确定。

$$Q=\frac{K\cdot(T_2-T_1+\Delta T_{校正})-l\cdot Q_2}{W_{苯甲酸}} \tag{4-21}$$

（4）数据记录在表 4–6 和表 4–7 中。

表 4–6 仪器的水当量 *K* 的测定

室温		℃		大气压		MPa
苯甲酸质量		g		夹套水的温度		℃
点火前	时间					
	温度					
点火后	时间					
	温度					
趋缓后	时间					
	温度					
引燃铁丝	起始长度	cm	剩余长度	cm	燃烧长度	cm

表 4–7 样品的燃烧热测定

<table>
<tr><td colspan="2">样品的质量</td><td>g</td><td></td><td>夹套水的温度</td><td>℃</td></tr>
<tr><td rowspan="2">点火前</td><td>时间</td><td colspan="4"></td></tr>
<tr><td>温度</td><td colspan="4"></td></tr>
<tr><td rowspan="2">点火后</td><td>时间</td><td colspan="4"></td></tr>
<tr><td>温度</td><td colspan="4"></td></tr>
<tr><td rowspan="2">趋缓后</td><td>时间</td><td colspan="4"></td></tr>
<tr><td>温度</td><td colspan="4"></td></tr>
<tr><td>引燃铁丝</td><td>起始长度</td><td>cm</td><td>剩余长度　　cm</td><td>燃烧长度</td><td>cm</td></tr>
</table>

6. 注意事项

（1）压片的紧实需适中，太紧不易燃烧。燃烧丝需压在片内，如浮在片子面上会引起样品熔化而脱落，不发生燃烧。

（2）保证待测样品干燥，受潮样品不易燃烧且称量有误。

（3）使用氧气钢瓶，一定要按照要求操作，注意安全。往氧弹内充入氧气时，一定不能超过指定的压力，以免发生危险。

（4）燃烧丝与两电极及样品片一定要接触良好，而且不能有短路。

（5）测定仪器热容与测定样品的条件应该一致。

（6）氧气遇油脂会爆炸。因此氧气减压器、氧弹以及氧气通过的各个部件，各连接部分不允许有油污，更不能使用润滑油。

第五部分　固体废物专业实验

5.1　固体废物破碎实验

1. 实验目的和意义

本实验为设计研究型实验。通过学生主设计固体废物的破碎实验，使学生初步了解破碎技术的原理和特点，掌握固体废物破碎设备和流程的相关知识。

2. 实验原理及概述

固体废物破碎是利用外力克服固体废物质点间的内聚力而使大块固体废物分裂成小块的过程。磨碎是使小块固体废物颗粒分裂成细粉的过程。固体废物经破碎和磨碎后，粒度变得小而均匀，其目的如下：

（1）原来不均匀的固体废物经破碎和磨碎之后容易均匀一致，可提高焚烧、热解、熔烧、压缩等作业的稳定性和处理效率。

（2）固体废物粉碎后堆积密度减少，体积减小，便于压缩、运输、储存及高密度填埋和加速复土还原。

（3）固体废物粉碎后，原来联生在一起的矿物或连接在一起的异种材料等单体分离，便于从中分选、拣选、回收有价物质和材料。

（4）防止粗大、锋利的固体废物损坏分选、焚烧、热解等设备或炉腔。

（5）为固体废物的下一步加工和资源化做准备。

在工程设计中，破碎比常采用废物破碎前的最大粒度（D_{max}）与破碎后的最大粒度（d_{max}）之比来计算。这一破碎比称为极限破碎比。通常，根据最大物料直径来选择破碎机给料口的宽度。

$$i=\frac{\text{废物破碎前最大粒度}D_{max}}{\text{破碎产物的最大粒度}d_{max}} \tag{5-1}$$

需要说明的是，在理论研究中，破碎比常采用废物破碎前的平均粒度（D_{cp}）与破碎后的平均粒度（d_{cp}）之比来计算。

3. 破碎设备与原理

破碎固体废物常用的破碎机类型有颚式破碎机、冲击式破碎机、辊式破碎机、剪切式破碎机、球磨机和特殊破碎机等。

1）颚式破碎机

颚式破碎机出现于 1858 年。它虽然是一种古老的破碎设备，但是由于具有构造简单、工作可靠、制造容易、维修方便等优点，所以至今仍获得广泛应用。颚式破碎机通常都是按照可动颚板（动颚）的运动特性来进行分类的，工业中应用最广的主要有 5–1（a）和 5–1（b）两种类型。

动颚做简单摆动的双肘板机构（简摆式）的颚式破碎机如图 5–1（a）所示；动颚做复杂摆动的单肘板机构（复摆式）的颚式破碎机如图 5–1（b）所示。近年来，液压技术在破碎设备上得到应用，出现了液压颚式破碎机，如图 5–1（c）所示。

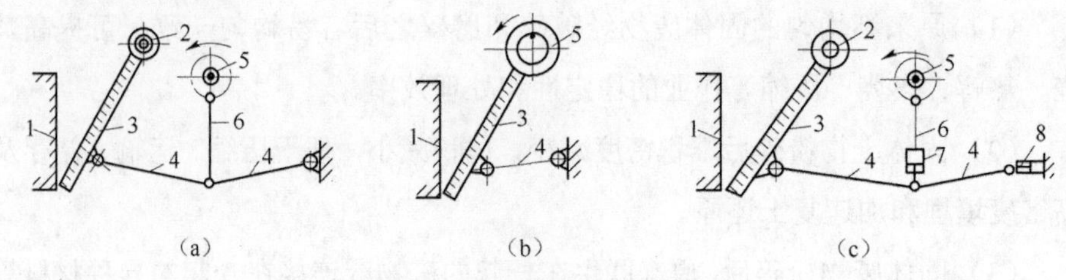

图 5–1　颚式破碎机主要类型

（a）简摆式颚式破碎机；（b）复摆式颚式破碎机；（c）液压颚式破碎机

1—固定颚板；2—动颚悬挂轴；3—可动颚板；4—前（后）推力板；5—偏心轴；6—连杆；7—连杆液压油缸；8—调整液压油缸

图 5–2 所示为国产 2 100 mm×1 500 mm 简摆式颚式破碎机的构造。它主要是由机架、工作机构、传动机构和保险装置等部分组成。皮带轮带动偏心轴旋转时，偏心顶点牵动连杆上下运动，也就牵动前后推力板做舒张及收缩运动，从而使动颚时而靠近固定颚，时而又离开固定颚。动颚靠近固定颚时就对破碎腔内的物料进行压碎、劈碎及折断。破碎后的物料在动颚后退时靠自重从破碎腔内落下。

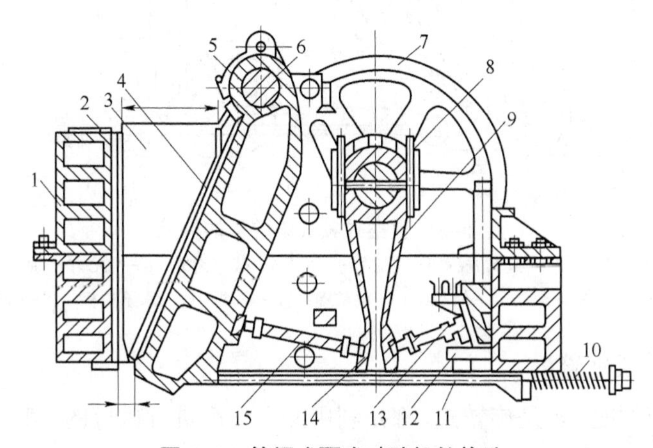

图 5–2　简摆式颚式破碎机的构造

1—机架；2—破碎齿板；3—侧面衬板；4—破碎齿板；5—可动颚板；6—心轴；7—飞轮；8—偏心轴；9—边杆；10—弹簧；11—拉杆；12—砌块；13—后推力板；14—肘板支座；15—前推力板

图 5–3 所示为复摆式颚式破碎机的构造。从构造上看，复摆式颚式破碎机与简摆式颚式破碎机的区别只是少了一根动颚悬挂的心轴。动颚与连杆合为一个部件，没有垂直连杆，肘板也只有一块。可见，复摆式颚式破碎机构造简单，但动颚的运动却较简摆式颚式破碎机复杂，动颚在水平方向有摆动，同时在垂直方向也有运动，是一种复杂运动，故称复式摆式颚式破碎机。复摆式颚式破碎机的优点是破碎产品较细，破碎比大（一般可达 4～8，简摆式只能达 3～6）。规格相同时，复摆式颚式破碎机比简摆式颚式破碎机的破碎能力高 20%～30%。

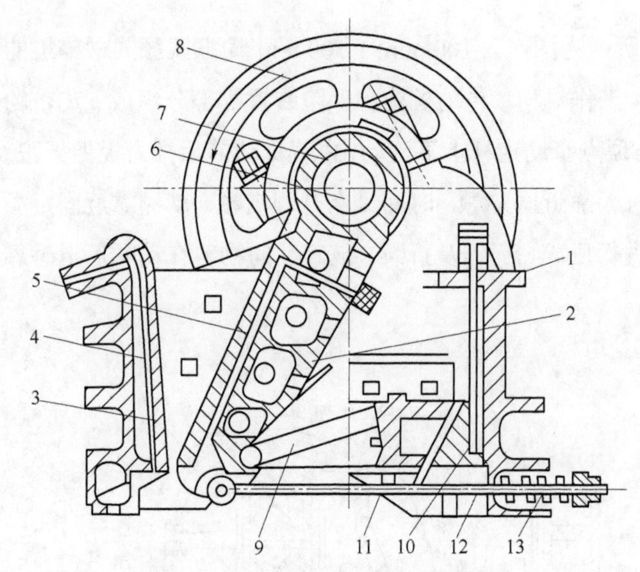

图 5–3　复摆式颚式破碎机的构造

1—机架；2—可动颚板；3—固定颚板；4，5—破碎齿板；6—偏心转动轴；
7—轴孔；8—飞轮；9—肘板；10—调节楔；11—楔块；12—水平拉杆；13—弹簧

2）冲击式破碎机

冲击破碎机大多是旋转式，都是利用冲击作用进行破碎的。其工作原理是：给入破碎机空间的物料块被绕中心轴高速旋转的转子猛烈冲击后，受到第一次破碎，然后从转子获得能量高速飞向坚硬的机壁，受到第二次破碎。在冲击过程中弹回的物料再次被转子击碎，难于破解的物料被转子和固定型板挟持而剪断。破碎产品由下部排出。

冲击式破碎机的主要类型有反击式破碎机、锤式破碎机和笼式破碎机。这 3 类破碎机的规格都是以转子的直径和长度表示的。下面介绍目前国内外应用较多、适用于破碎各种固体废物的冲击式破碎机。

（1）反击式破碎机。

反击式破碎机是一种新型高效的破碎设备，它具有破碎比大、适应性广（可破碎中硬、软、脆、韧性、纤维性物料）、构造简单、外形尺寸小、安全方便、易于维护等许多优点，在我国水泥、火电、玻璃、化工、建材、冶金等工业部门广泛应用。反击式破碎机生产率和电动机功率按下面的公式计算。

$$Q = 60k_1 z(h+\delta)B \cdot d'nr(\mathrm{t/h}) \tag{5-2}$$

$$N = k_2 Q(\mathrm{kW}) \tag{5-3}$$

式中　k_1——0.1；

z——转子上板锤的数目；

h——板锤的高度，m；

δ——板锤与反击板之间的间隙，m；

B——板锤宽度，m；

d'——排料粒度，m；

n——转子转数，r/min；

r——破碎产品堆密度，t/m^3；

k_2——0.5～1.4 kW。

图 5–4 所示为 Hazemag 式反击式破碎机。该机装有两块反击板（也叫冲撞板），形成两个破碎腔。转子上安装有两个坚硬的板锤。机构内表面装有特殊的钢制衬板，用以保护机体不受损坏。

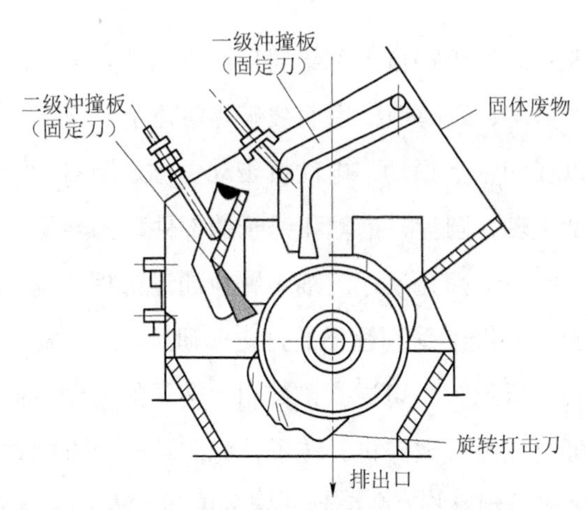

图 5–4　Hazemag 式反击式破碎机

固体废物从上部给入，在冲击和剪切作用下被破碎。该机主要用于破碎家具、器具、电视机、草垫等大型固体废物，处理能力为 50～60 m^3/h，碎块为 30 cm；也可以用来破碎瓶类、罐头等不燃固体废物，处理能力为 50～90 m^3/h。

（2）锤式破碎机。

锤式破碎机可分为单转子和双转子两种。单转子又可分为可逆式和不可逆式两种，如图 5–5 所示。目前普遍采用的为可逆式单转子破碎机。

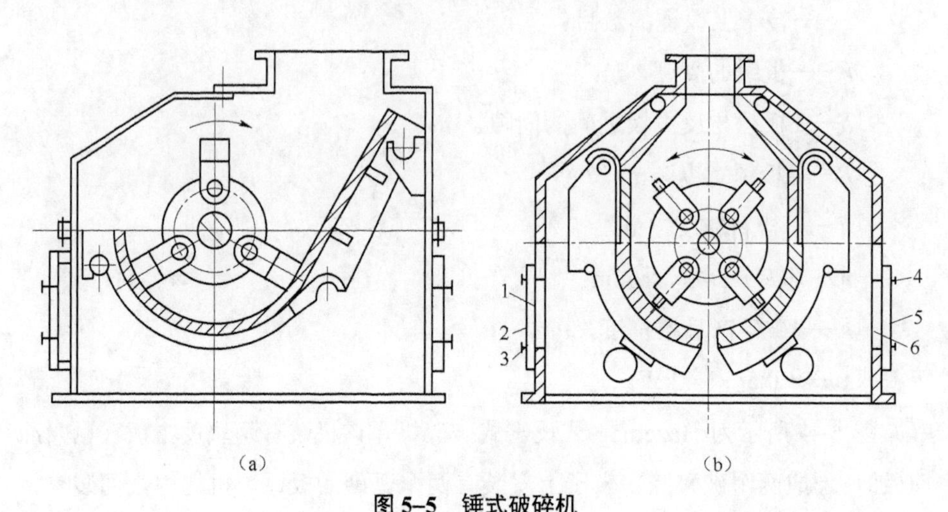

图 5–5　锤式破碎机

（a）不可逆式；（b）可逆式

1—检修孔；2—盖板；3，4—螺栓；5—盖板；6—检修孔

其工作原理是：固体废物自上部给料口给入机内，立即遭到高速旋转的锤子的打击、冲击、剪切、研磨等作用而被破碎。锤子以铰链方式装在各圆盘之间的销轴上，可以在销轴上摆动。电动机带动主轴、圆盘、销轴以及锤子以高速旋转。这个包括主轴、圆盘、销轴和锤子的部件称为转子。在转子的下部设有筛板，破碎物料中小于筛孔尺寸的细小颗粒通过筛板排出；大于筛孔尺寸的粗粒被阻留在筛板上并继续受到锤子的打击和研磨，最后经过再次破碎后由筛板排出。图 5–5（a）所示为不可逆式破碎机，转子的转动方向如箭头所示。图 5–5（b）所示为可逆式锤式破碎机。转子首先向某一个方向移动，该方向的衬板、筛板和锤子端部受到磨损。磨损到一定程度后，转子改为另一个方向旋转，利用锤子的另一端有另一个方向的衬板和筛板继续工作，从而使机器连续工作的寿命几乎提高了一倍。

锤子是破碎机的主要工作机件，通常用高锰钢或其他合金钢等制成。由于锤子的前端磨损较快，所以设计时应考虑锤子磨损后能上下或前后调养。

目前专用于破碎固体废物的锤式破碎机有以下几种类型。

① BJD 型普通锤式破碎机。图 5–6 所示为 BJD 型普通锤式破碎机的构造。该机主要用于破碎废旧家具、厨房用具、床垫、电视机、冰箱、洗衣机等大型固体废物，可以破碎到 50 mm 左右，不能破碎的固体废物从旁路排出。

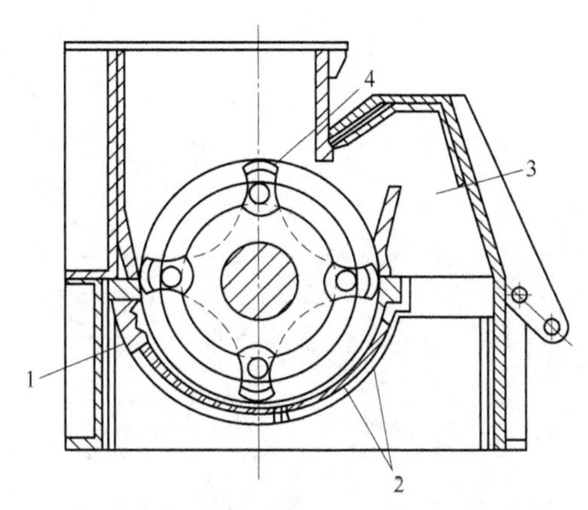

图 5–6　BJD 型普通锤式破碎机的构造

1—测量头；2—格栅；3—旁路；4—锤

② BJD 型破碎金属切屑式锤式破碎机。图 5–7 所示为 BJD 型破碎金属切屑式锤式破碎机的构造。经该机破碎后，金属切屑的松散体积减小 3～8 倍，便于运输至冶炼厂冶炼。锤子呈勾形，对金属切屑施加剪切、拉撕等作用力而破碎。

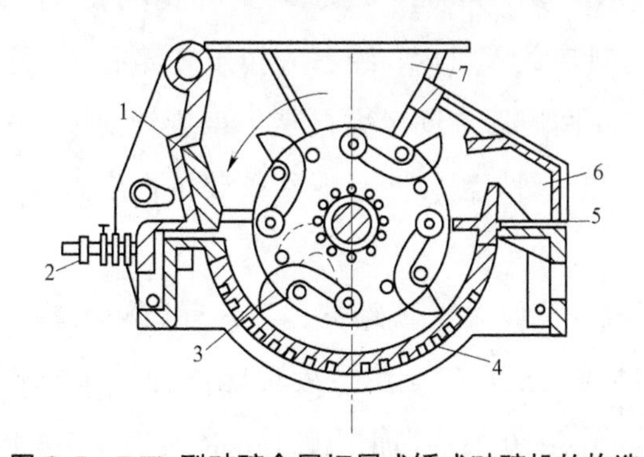

图 5–7　BJD 型破碎金属切屑式锤式破碎机的构造

1—衬板；2—弹簧；3—锤子；4—筛条；5—小门；6—非破碎物收集区；7—进料口

③ Hammer Mills 型锤式破碎机。Hammer Mills 型锤式破碎机的构造如图 5–8 所示。机体由压缩机和锤碎机两部分组成，大型固体废物先经压缩机压

缩，再给入锤碎机破碎。转子由大、小两种锤子组成。大锤子磨损后可转用小锤子破碎。锤子铰接悬挂在绕中心旋转的转子上做高速旋转，转子半周下方装有筛板，筛板两端装有固定反击板，起二次破碎和剪切作用。该机主要用于废汽车等粗大固体废物的破碎。

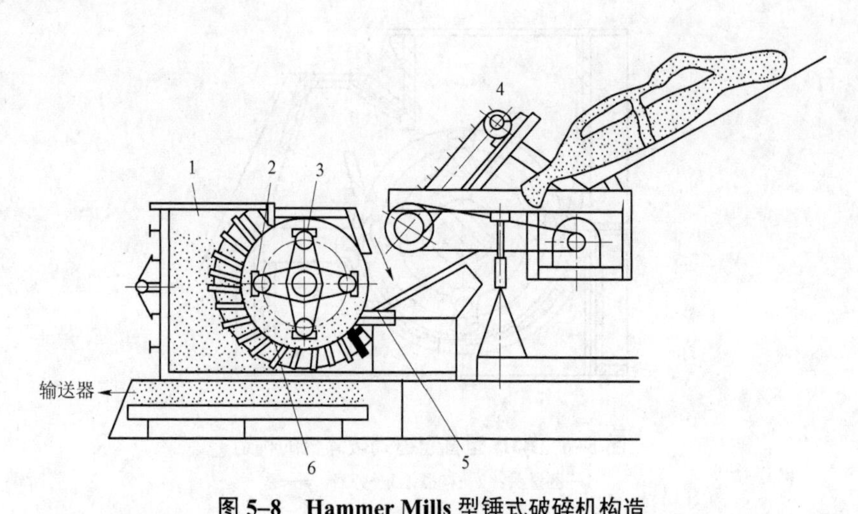

图 5–8 Hammer Mills 型锤式破碎机构造

1—破碎机本体；2—小锤头；3—大锤头；4—压缩给料机；5—切断垫圈；6—栅条

④ Novorotor 型双转子锤式破碎机。Novorotor 型双转子锤式破碎机的构造如图 5–9 所示，该机具有两个旋转方向的转子，转子下方均装有研磨板。物料自右方给料口关入机内，经右方转子破碎后排入左方的破碎腔，经左方研磨板运动 3/4 圆周后借助风力排至上部旋转式风力分级机，分级后的细粒产品自上方排出机外，粗粒产品返回破碎机再度破碎。该机的破碎比可达 30。

⑤ 辊式破碎机，又称对辊破碎机。其具有结构简单、紧凑、轻便及工作可靠、价格低廉等优点，广泛用于处理脆性物料和含泥黏性物料，作为中、细破碎之用。图 5–10 所示为辊式破碎机的构造。该机的工作过程是：旋转的工作转辊借助摩擦力将给到它上面的物料块拉入破碎腔内，使之受到挤压和磨削作用（有时还兼有劈碎和剪切作用）而破碎，最后由转辊带出破碎腔成为破碎产品排出。按辊子表面构造分为光滑辊面和非光滑辊面（齿辊或沟槽辊）

两大类。前者处理硬性物料，后者处理脆性物料。

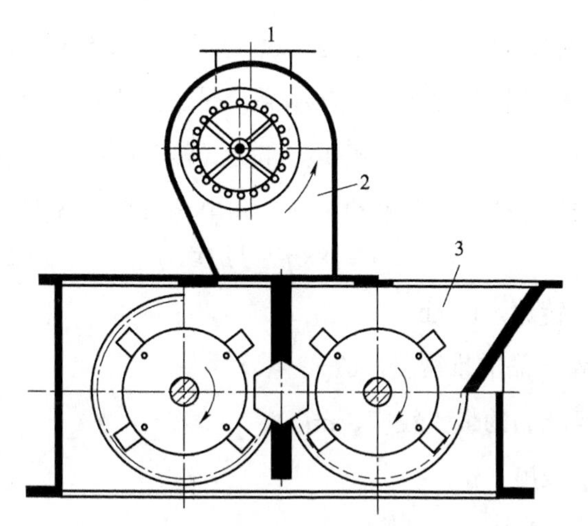

图 5–9　Novorotor 型双转子锤式破碎机的构造

1—细料级产品出口；2—风力分级机；3—物料入口

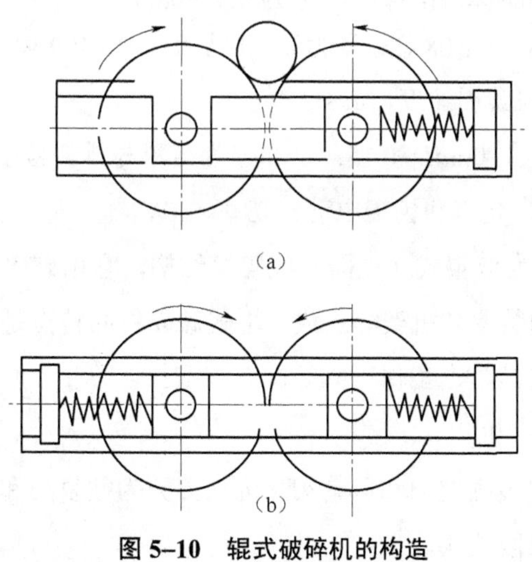

图 5–10　辊式破碎机的构造

(a) 单可动辊式；(b) 双可动辊式

光滑辊面只能是双辊机；非光滑辊面则可以是单辊机、双辊机和三辊机，但在通常的生产工艺中很少使用三辊机。

各种对辊机又可分为固定轴承、单可动和双可动轴承三种。固定轴承对辊机因异物落入后容易被破坏，现在已经不再使用；双可动轴承对辊机的优点是机座不受破碎力的影响，但因为构造相对复杂，故现在也已不再使用。

对辊机按两个辊的转速一般分为快速（周速 4～7.5 m/s）、慢速（周速 2～3 m/s）和差速 3 种。快速对辊机生产率高，是工业中最常用的一种。

辊式破碎机传动装置分为单式传动和复式传动两种，规格用辊子直径 D×长度 L 表示。辊式破碎机生产率 Q（t/h）和电动机功率 N 可分别用下式表示：

$$Q = 188\eta d r_0 L n D' \tag{5-4}$$

式中 n——辊子转速，r/min；

r_0——破碎产品的堆密度，t/m^3；

d——破碎产品的最大粒度，m；

L——辊子长度，m；

D'——辊子直径，m；

η——辊子长度利用系数和排料松散度系数（对于中硬物料，η 为 0.2～0.3；对于黏性和潮湿物料，η 为 0.4～0.6）。

$$N = 1.08\,kLv\text{（马力）}\quad\text{（1马力} = 735.499\text{ W）} \tag{5-5}$$

式中 v——辊皮的圆周速度，m/s；

k——系数（k=0.6dD+0.15；D 和 d 为给料与排料粒度）；

N——分别为光辊和齿辊电动机功率，kW。

图 5-11 所示为双辊式（光面）破碎机结构，它由破碎辊、调整装置、弹簧保险装置、传动装置和机架等组成。辊式破碎机的特点是能耗低、产品过度粉碎程度小、构造简单、工作可靠等。

3）剪切式破碎机

这类破碎机安装固定刃和可动刃，可动刃分为往复刃和回转刃，其作用是将固体废物剪切成段或块。

（1）往复剪切破碎机。

图 5-12 所示为 Von Roll 型往复剪切式破碎机结构，固定刃和可动刃通过下端活动铰轴连接，像一把无柄剪刀。开口时侧面呈 V 形破碎腔。固体废物投入后，通过液压装置缓缓将活动刃推向定刃，将固体废物剪成碎片（块）。

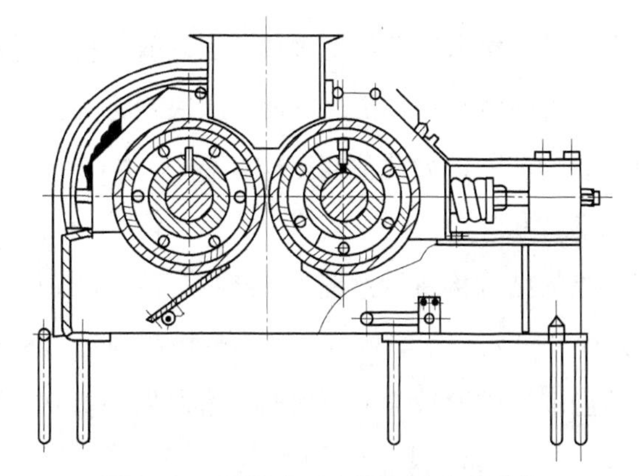

图 5–11　双辊式（光面）破碎机结构

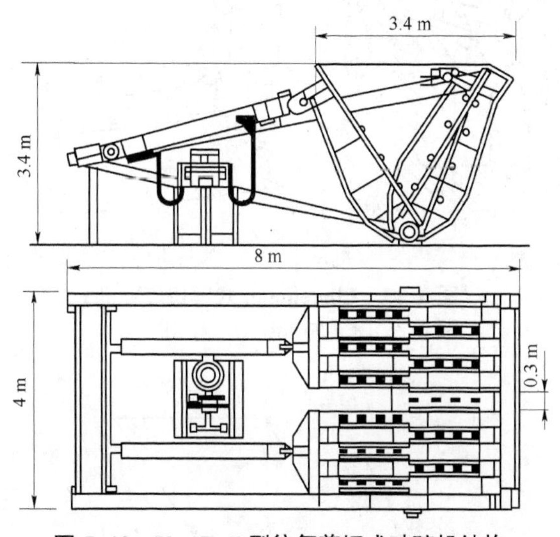

图 5–12　Von Roll 型往复剪切式破碎机结构

往复剪切破碎机一般具有 7 片固定刃和 6 片活动刃。刃的宽度为 30 mm，由特殊钢制成，磨损后可以更换。液压油泵最高压力为 130 kgf/cm^2（1 kgf/cm^2=98.066 5 kPa），功率为 37 kW，电压为 220 V。该机的处理时速为 80～150 m^3/h（会因固废物种类而略有不同），可将厚度为 200 mm 的普通钢板剪至 30 mm，适用于城市垃圾焚烧厂的固体废物破碎。

（2）Lindemann 式剪切破碎机。

如图 5–13 所示，该机分为预备压缩机和剪切机两部分。固体废物送入后先压缩，再剪切。预备压缩机通过一对钳形压块的开闭将固体废物压缩。压块一端固定在机座上，另一端由液压杆推进或拉回。剪切机由送料器、压紧器和剪切刀片组成。送料将固体废物每推进一次，压块就将固体废物压紧定位，剪刀从上往下将固体废物剪断，如此往复工作。

（3）旋转剪切破碎机。

旋转剪切破碎机的结构构造示意图如 5–14 所示。该机由固定刃（1～2 片）和旋转刃（3～5）片及投入装置等构成，固体废物在固定刃和旋转刃之间被剪断。该机的缺点是当混进硬度较大的杂物时，容易发生操作事故。

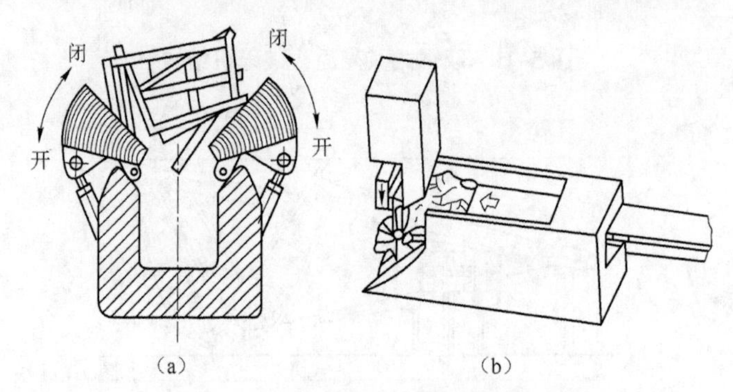

图 5–13　Lindemann 式剪切破碎机

（a）预备压缩机；（b）剪切机

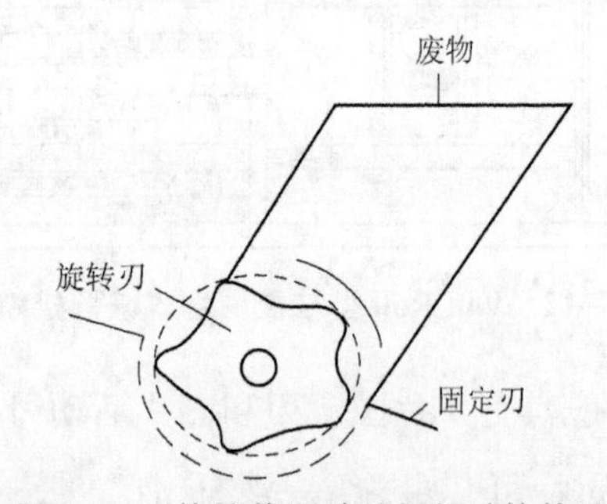

图 5–14　旋转剪切破碎机的结构构造

4）球磨机

图 5–15 所示为球磨机的构造示意图。该设备主要由圆柱形筒体、端盖、中空轴承、轴承和传动大齿轮组成。筒体内装有直径为 25～150 mm 的钢球，两端装有中空轴颈。中空轴颈有两个作用：一是起轴承的支承作用，使球磨机全部重量经中空轴颈传给轴承和机座；二是起给料和排料的漏斗作用，电

动机通过联轴器与小齿轮带动大齿圈和筒体慢慢转动。当筒体转动时，在摩擦力、离心力和衬板共同作用下，产生自由下落和抛落，从而对筒体内底脚区内的物料产生冲击和研磨作用，使物料粉碎。物料达到磨碎细度后由风机抽出。

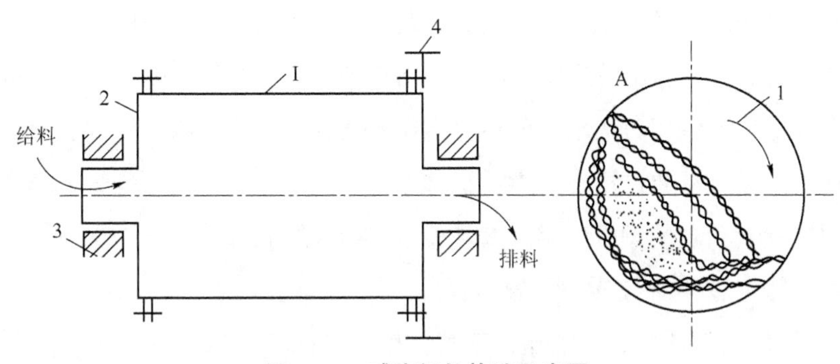

图 5–15　球磨机的构造示意图

1—筒体；2—端盖；3—轴承；4—大齿轮

磨碎在固体废物处理与利用中占有重要地位。例如，用煤矸石生产水泥、砖瓦、矸石棉、化肥和提取化工原料等，用钢渣生产水泥、砖瓦、化肥、溶剂以及对垃圾堆肥深加工等过程都离不开球磨机对固体废物的磨碎。

4. 实验内容及步骤

（1）实验设备。

颚式破碎机主要用于破碎各种中等硬度的岩石、矿石和固体废物，是冶金、环境、建材化工等行业及其实验室中的重要设备。

100（150）破碎机主要技术参数为：进料口尺寸 100（150）mm；最大进料尺寸 100（150）mm；排料口尺寸 5～25 mm；电动机型号 YO–31–4；转速 1 400 r/min；功率 2.2 kW；外形尺寸（长×宽×高）为 615×380×620 mm；重量 190 kg；生产率 480～1 800 kg/h。

本机器主要由机体、偏心轴、连杆、颚板以及调节机构等主要部分组成，通过三角皮带将动力传给连杆，带动活动颚板进行破碎物料。出料粒度通过手轮、横杆等进行调节。

机体由铸铁制成，上部有支承偏心轴的孔，前壁装有固定颚板，壁装有调节螺杆等装置，两侧均装有衬板。

偏心轴两侧的圆锥滚子轴承支承于机体上；两端安装皮带轮及飞轮，间的两圆锥滚子轴承/与连杆连接。

连杆是由球墨铸铁制成的，上面装有活动鄂板，下面的凹槽是调节机构的支撑点，调节机构的作用是调节并控制出料粒度。它是通过转动小手轮带动螺母与调节螺杆产生相对运动从而达到调节和控制的目的，调节机构的一端支撑在连杆上，另一端通过横杆支撑于机体上。

固定鄂板和游动颚板采用耐磨性好的高锰钢铸成。

（2）设备使用时应该注意的事项。

① 机体安装基础必须牢靠、平整，以防机体受力不均引起破裂。

② 试车前必须检查破碎机的各个紧固件是否紧固，用手转动皮带轮，并观察其是否灵活。若发现不正常，则应查明原因，予以排除，之后方可试车。

③ 试车时必须空载，空载试车时，旋动小手轮以检查调节机构是否灵活、有无润滑油，空载 10 min 后无异常现象方可使用。

④ 破碎物料的硬度最好不要超过中等硬度，以免加快零件的损坏，减少零件寿命。

⑤ 为了出料方便，安装时可适当提高整机的安装高度。

（3）实验材料的准备及实验。

① 自备典型城市生活垃圾、工业垃圾、建筑垃圾等 1 kg。

② 分选可以用颚式破碎机破碎的垃圾，最大尺寸小于 100 mm。

③ 实验操作过程要做好记录：根据破碎机的使用说明书，确定实验步骤，观察破碎前后物料的物理尺寸和表面化学变化，并对实验材料破碎前后体积和质量进行详细的记录。

④ 启动破碎机数分钟后，将垃圾投入破碎机进行破碎。

⑤ 将破碎样品收集，进行筛分。

⑥ 根据以上实验记录及数据计算，完成实验报告，并对实验结果进行讨论，分析误差产生原因，并提出实验改进意见与建议。

（4）实验结果处理。

① 实验结果计算：根据实验过程的数据记录，对固体废物堆积密度及变化、体积减小百分比及破碎比进行计算。

② 计算生产率。

5. 讨论

（1）简述各种破碎机的特点。

（2）简述固体废物堆积密度及变化、体积减小百分比和破碎比的计算方法。

（3）提出实验改进意见与建议。

5.2　固体废物压实实验

1. 实验目的和意义

随着社会经济的高速发展，我国城市化进程不断加快，城市生活固体废物的数量和体积急剧增加，固体废物的收运方式也随之发生改变。固体废物经压实处理，增加密度并减小体积后，可以提高收集容器与运输工具的装载效率，在填埋处理时也可以提高场地的利用率，从而满足城市固体废物产量日益增加的要求；同时也有助于根本解决城市生活固体废物清运与城市快速发展之间的矛盾，摆脱传统的劳力型环卫作业模式。

本节中通过固体废物的压实实验，使学生了解固体废物压实技术的原理和特点，掌握固体废物压实设备以及压实流程的有关原理和操作知识。

2. 实验原理

压实也称压缩，是利用机械的方法减少固体废物的孔隙率，将其中的空气挤压出来，增加固体废物的聚集程度。

以城市固体废物为例，压实前密度通常在 0.1～0.6 t/m^3，经过压实器或一般压实机械压实后密度可提高到 1 t/m^{3}左右，因此，固体废物填埋前通常需要进行压实处理，尤其对大型废物或中空性废物，事先压碎显得更为必要。压实操作的具体压力大小可以根据处理废物的物理性质（如易压缩性、脆性等）而定。一般开始阶段，随压力的增加，物料的密度会较迅速增加，以后这种变化会逐步减弱，且有一定限度。实践证明，未经破碎的原状城市垃圾，压实密度极限值约为 1.1 t/m^3。比较经济的办法是先破碎再进行压实，这样可以在很大程度上提高压实效率，即用比较小的压力取得相同的增加密度的效果。目前压实已成为一些国家处理城市垃圾的一种现代化方法。该方法不仅便于运输，而且还具有可减轻环境污染、可快速安全造地和节省填埋或储存场地等优点。

固体废物压实处理后，体积减小的程度叫压缩比。固体废物压缩比决定于固体废物的种类及施加的压力。一般压缩比为 3～5。同时，采用破碎与压实技术可使压缩比增加到 5～10。

为判断压实效果，比较压实技术与压实设备的效率，常用下述指标来表示固体废物的压实程度：

（1）孔隙比与孔隙率。固体废物可设想为各种固体物质颗粒及颗粒之间充满空气孔隙共同构成的集合体。由于固体颗粒本身孔隙较大，而且许多固体物料有吸收能力和表面吸附能力，因此固体废物中水分子主要都存在于固体颗粒中，而不存在于孔隙中，不占据体积。从而固体废物的总体积（V_m）就等于包括水分在内的固体颗粒体积（V_s）与孔隙体积（V_v）之和。即：

$$V_m = V_s + V_v \tag{5-6}$$

则废物的孔隙比（e）可以定义为

$$e = \frac{V_v}{V_s} \tag{5-7}$$

在实际的生产操作中用的最多的参数是孔隙率（ε），可以定义为

$$\varepsilon = \frac{V_v}{V_m} \tag{5-8}$$

孔隙比或孔隙率越低，则表明压实程度就越高，相应的密度就越大。在这里顺便指出的一点是，孔隙率的大小对堆肥化工艺供氧、透气性及焚烧过程物

料与空气接触效率也是重要的评价参数。

（2）湿密度与干密度。忽略空气中的气体质量，固体废物的总质量（W_h）就等于固体物质质量（W_s）与水分质量（W_w）之和，即：

$$W_h = W_s + W_w \tag{5-9}$$

则固体废物的湿密度（D_w）可以由下式确定：

$$D_w = \frac{W_w}{V_m} \tag{5-10}$$

固体废物的干密度（D_d）可用下式确定：

$$D_d = \frac{W_s}{V_m} \tag{5-11}$$

实际上，固体废物收运及处理过程中测定的物料质量通常都包括了水分，故一般密度均是湿密度。压实前、后固体废物密度值及其变化率大小，是度量压实效果的重要参数，也相对容易测定，因此比较实用。

（3）体积减小百分比。体积减小的百分比（R）一般用下式表示：

$$R = \left[(V_i - V_f)/V_i\right] \times 100\% \tag{5-12}$$

式中　R——体积减小百分比，%；

V_i——压实前固体废物的体积，m^3；

V_f——压实后固体废物的体积，m^3。

（4）压缩比与压缩倍数压缩比（r）可以定义为

$$r = \frac{V_i}{V_f} (r \leqslant 1) \tag{5-13}$$

由此可知，n 与 r 互为倒数，n 越大，证明压实效果越好。在工程上，一般习惯用 n 来说明压实效果的好坏。

3. 压实设备与流程

固体废物压缩机有多种类型，根据操作情况分类，可以将压实设备分为固定式和移动式两大类。凡用人工或机械方法（液压方式为主）把固体废物送入压实机械里进行压实的设备称为固定式，而移动式是指在填埋现场使用的轮胎式履带式压土机、钢轮式布料压实机以及其他专门设计的压实机械。

1）压实设备

以城市垃圾压实机为例，小型的家用压实机可安装在橱柜下面；大型的压实机可压缩整辆汽车，每日可压缩成千吨的垃圾。不论何种用途的压实机，其构造主要由容器单元和压实单元两部分组成。容器单元接受固体废物；压实单元具有液压或气压操作之分，利用高压使固体废物致密化。移动式压实机一般安装在收集垃圾的车上，接受固体废物后即行压缩，随后送往处理处置场地。固定式压实机一般设在处理固体废物的转运站、高层住宅垃圾滑道底部以及需要压实固体废物的场合。按固体废物种类不同，它可分为金属类废物压实机和城市垃圾压实机两类。

（1）金属类废物压实机。

金属类废物压实机主要有三向联合式和回转式两种。

① 图 5–16 所示为三向联合式压实机示意图。它是适合于压实松散金属废物的三向联合式压实机，具有 3 个互相垂直的压头，金属等被置于容器单元内，而后依次启动 1、2、3 三个压头，逐渐使固体废物的空间体积缩小、密度增大，最终达到一定尺寸。压后尺寸一般为 200～1 000 mm。

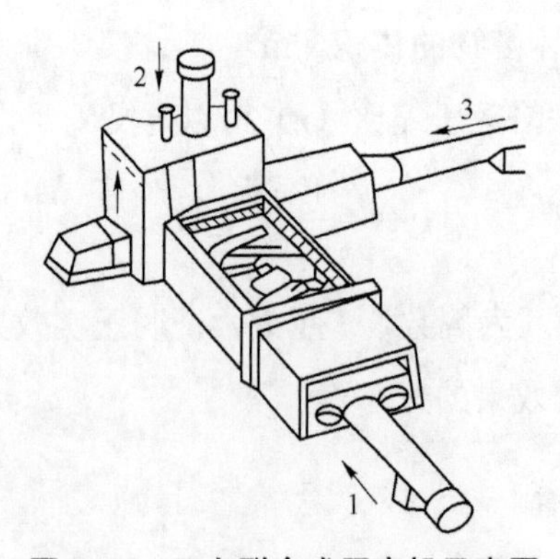

图 5–16　三向联合式压实机示意图

② 图 5–17 所示为回转式压实机示意图。固体废物装入容器单元后，先按水平式压头 1 的方向压缩，然后按箭头的运动方向驱动旋转压头 2，最后按水平压头 3 的运动方向将固体废物压至一定尺寸排出。

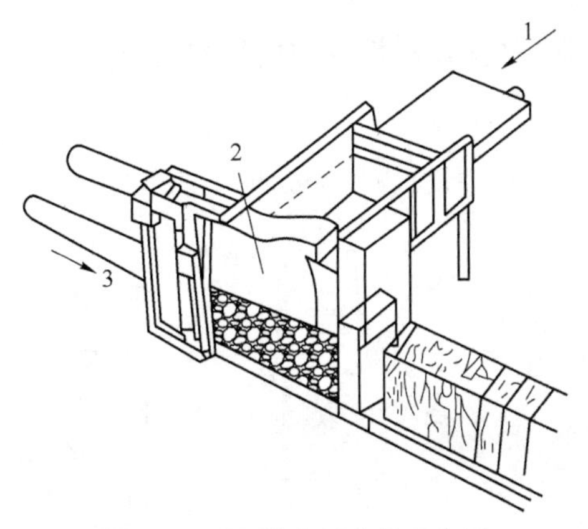

图 5–17　回转式压实机示意图

（2）城市垃圾压实机。

① 高层住宅垃圾压实机。图 5–18 所示为这种压实机的工作示意图，其中，图 5–18（a）为开始压缩阶段，从滑道中落下的垃圾进入料斗。图 5–18（b）为压臂全部缩回处于起始状态，垃圾充入压缩室内。压臂全部伸展，垃圾被压入容器中，如图 5–18（c）所示，垃圾不断充入，最后在容器中压实，并将压实的垃圾装入袋内。

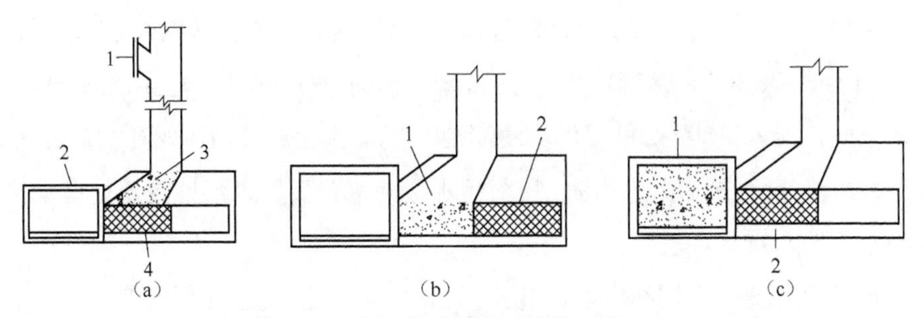

图 5–18　高层住宅垃圾压实机工作示意

（a）开始压缩阶段

1—垃圾投入口；2—容器；3—垃圾；4—压臂；

（b）压臂全部缩回

1—垃圾；2—压臂全部缩回

（c）压臂全部伸出

1—已压实的垃圾；2—压臂

② 城市垃圾压实机。城市垃圾压实机常采用与金属类废物压实机构造相似的三向联合式压实机及水平式压实机。其他压实机与装在垃圾收集车辆上的

压实机、废纸包装机、塑料热压机等结构基本相似，且原理相同。

2）工艺流程

图 5-19 所示为国外城市垃圾压缩处理工艺典型流程。

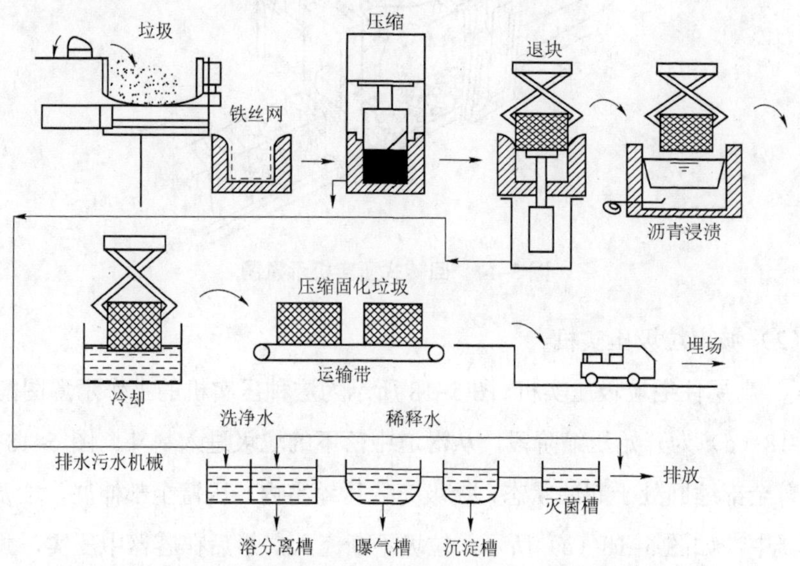

图 5-19 国外城市垃圾压缩处理工艺典型流程

垃圾先装入四周垫有铁丝网的容器中，然后送入压实机压缩，压力为 160～200 kgf/cm²（1 kgf≈9.8 N），压缩为原来体积的 1/5。压块向上由推动活塞推出压缩腔，送入 180～200 ℃沥青浸渍池 10 s，涂浸沥青防漏，冷却后经运输皮带装入汽车运往垃圾填埋场。压缩污水经油水分离器入活性污泥处理系统，处理水灭菌后排放。

1972 年以来，美国和日本等国家广泛应用了上述流程。日本甲府、横须贺、滨松、大阪等市都已采用此方法，其中以大阪市大正压缩工场为最大，处理量为 600 t/d，可处理该市 12%的垃圾，从 1972 年 3 月月底投产以来运转情况良好。

4. 实验内容及步骤

（1）实验材料的准备。

典型城市生活垃圾适量、工业垃圾适量、容器 2 个、实验材料质量、体积测量工具各 1 组，检查实验仪器的各工作部件运转是否正常。

（2）实验过程操作并记录。

根据仪器使用说明书，确定实验步骤，并对实验材料进行压缩前和压缩后的质量、体积和实验产物的质量进行详细的记录。

（3）实验结果计算。

根据实验过程的数据记录，对固体废物压缩前后的孔隙率、湿密度、体积减小百分比、压缩比和压实倍数进行计算。

5. 讨论

（1）对实验结果进行讨论，分析误差产生原因。

（2）提出实验改进意见与建议。

5.3　生活垃圾风选实验

1. 实验目的

风力分选是在风力分选设备中，以空气为分选介质，在气流作用下使固体废物颗粒按密度和力度进行分选的一种方法。目前，该方法已被许多国家广泛地用在城市生活垃圾的分选中，本实验以水平气流为分选设备，通过实验达到以下目的：

（1）了解风力分选的原理、方法和影响风力分选的主要因素。

（2）确定风力分选的主要条件。

2. 实验原理

分选又称气流分选，包括两个过程：一是分离出具有低密度、空气阻力大的轻质部分和具有高密度、空气阻力小的重质部分；二是进一步将轻颗粒从气流中分离出来。

任何颗粒一旦与介质做相对运动，就会受到介质阻力的作用。在空气介质中，任何固体废物颗粒在静止空气中都做向下的沉降运动，受到的空气阻力与它的运动方向相反。

颗粒粒度一定时，密度大的颗粒沉降末速度大。因此，可借助于颗粒沉降末速度的不同，分离不同密度的固体颗粒。当颗粒密度相同时，直径大的颗粒沉降末速度大，也可据此分离不同直径的固体颗粒。

为了提高分选效率，在分选之前需先将固体废物进行分级或破碎，使颗粒均匀，然后按密度差异进行分选。

由于固体废物中大多数颗粒的颗粒密度差别不大，因此，它们的颗粒沉降末速度不会差别很大。为了扩大固体颗粒间颗粒沉降末速度的差异，分选常在运动气流中进行，提供不同颗粒的分离精度。在运动气流中，固体颗粒的沉降速度大小或方向会有所改变，从而使分离精度得到提高。

可通过控制上升气流速度，控制不同密度固体颗粒的运动状态，使固体颗粒有的上浮，有的下沉，从而将这些不同密度的固体颗粒加以分离。另外结合控制水平气流速度，就可控制不同密度颗粒的沉降位置，从而最终分离不同密度的固体颗粒。

3. 实验设备及仪器

（1）卧式风力分选机一台。

（2）手筛子（规格 100 mm×40 mm），筛孔 80 mm、50 mm、20 mm、10 mm、5 mm、3 mm 各一个。

（3）烘箱一台。

（4）台式天平（10 kg）一台。

（5）磅秤（50 kg）一台。

（6）铁面盆（ϕ50 mm）。

（7）铁铲。

4. 实验步骤

（1）实验准备。

① 仔细检查风力分选机组连接是否正确与恰当。

② 检查实验所需的仪器材料是否齐全。

（2）实验过程。

① 将生活垃圾烘干后进行破碎，以保证分选的顺利进行。

② 按筛孔 80 mm、50 mm、20 mm、10 mm、5 mm、3 mm 筛分分级，保证物料粒度均匀。

③ 调整风力分选机的各种参数，使之能满足风力分选的需要。

④ 将破碎和筛分分级后的固体废物定量分别给入风力分选机内，待固体废物中的各成分在风力的作用下沿着不同运动轨迹落入不同的收集槽中后，取出各收集槽内的固体废物分别称量。

⑤ 分析各收集槽中不同成分的含量。

⑥ 记录整理实验数据，并计算分选效率。

（3）实验数据的处理。

固体废物的分选效率通常用回收率和纯度两个指标来评价。回收率是指从某种分选过程中排出的某种成分的质量与进入分选过程的这种成分的质量之比。纯度是指从某种分选过程中排出的某种成分的质量与该分选过程中排出物料的所有组分的质量之比。

① 测定各产品各类成分的含量。

② 计算固体废物分选后各产品的质量分数：

$$\text{产品的质量百分数（\%）}=\frac{\text{某产品的质量}}{\text{给入物料的总质量}}\times 100\% \tag{5-14}$$

③ 计算分选效率（回收率）：

$$\text{回收率}=\frac{\text{某产品中某种成分的质量}}{\text{某种成分的质量}}\times 100\% \tag{5-15}$$

将实验数据和计算结果分别记录在表 5–1 和表 5–2 中。

表 5–1　不同级别物料分选实验记录表

级别/mm	产品名称	质量/g	质量分数/%	品位/%	分布率/%
不分级材料	轻质组分				
	中重质组分				
	重质组分				
	共计				

续表

级别/mm	产品名称	质量/g	质量分数/%	品位/%	分布率/%
分级材料	轻质组分				
	中重质组分				
	重质组分				
	共计				

表 5–2　不同气流流速风选分选实验记录表

气流速度/（$m \cdot s^{-1}$）	产品名称	质量/g	质量分数/%	品位/%	分布率/%
不分级材料	轻质组分				
	中重质组分				
	重质组分				
	共计				
分级材料	轻质组分				
	中重质组分				
	重质组分				
	共计				

5. 讨论

（1）分析风选的原理，并对风选设备进行分类。

（2）根据实验结果分析影响风力分选的主要因素。

5.4　固体废物中污泥比阻实验

1. 实验目的

（1）进一步理解污泥比阻的概念。

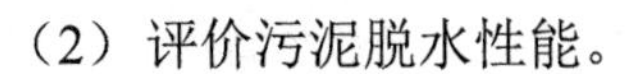

（2）评价污泥脱水性能。

2. 实验原理

污泥经重力浓缩或消化后，含水率约在 97%，体积大不便于运输。因此，一般多采用机械脱水，以减小污泥体积。常用的脱水方法有真空过滤、压滤、离心等方法。

污泥机械脱水是以过滤介质两面的压力差作为动力，达到泥水分离、污泥浓缩的目的。根据压力差的来源不同，分为真空过滤法（抽真空造成介质两面压力差）、压缩法（截止一面对污泥加压，造成两面压力差）。

影响污泥脱水的因素较多，主要有：

（1）污泥浓度，取决于污泥性质及过滤前浓缩程度。

（2）污泥性质，含水率。

（3）污泥预处理方法。

（4）压力差大小。

（5）过滤介质种类。

经过实验，可推导出过滤基本方程式为

$$\frac{t}{V}=\frac{\mu r\omega}{2PA^2}\cdot V+\frac{\mu R_f}{PA} \tag{5-16}$$

式中　t——过滤时间，s；

V——滤液体积，m^3；

P——过滤压力，kg/m^3；

A——过滤面积，m^3；

μ——滤液的动力黏滞度，$kg \cdot s/m^3$；

ω——滤过单位体积的滤液在过滤介质上截流的固体质量，kg/m^3；

r——比阻，s^2/g[①]或 m/kg；

R_f——过滤介质阻抗，1/m。

公式给出了在一定压力条件下过滤滤液的体积 V 与时间 t 的函数关系，指

① 1 s^2/g=9.81×10^3 m/kg。

出了过滤面积 A、过滤压力 P、滤液的动力黏滞度（即污泥性能）μ、比阻 r 等对过滤的影响。

污泥比阻 r 是表示污泥过滤特性的综合指标。其物理意义是：单位质量的污泥在一定压力下过滤时，在单位过滤面积上的阻力，即单位过滤面积上滤饼单位干重所具有的阻力，其大小根据过滤基本方程式有：

$$r=\frac{2PA \cdot A}{\mu} \cdot \frac{b}{\omega} \tag{5-17}$$

由式（5-17）可知，比阻是反映污泥脱水性能的重要指标，但因式（5-17）是由实验推导出来的，故参数 b、ω 均要通过实验测定，不能用公式直接计算。而 b 为过滤基本方程式（5-16）中直线 $t/V \sim V$ 的斜率，计算公式为：

$$b=\frac{\mu r \omega}{2PA^2} \tag{5-18}$$

故以定压下抽率实验为基础，测定一系列的 $t \sim V$ 数据，即测定不同过滤时间 t 所对应的滤液体积 V，并以滤液量 V 为横坐标，以 t/V 为纵坐标，所得直线斜率为 b。

根据定义，按下式可求出 ω 值：

$$\omega=\frac{(Q_0-Q_y)}{Q_y} \cdot C_g \tag{5-19}$$

式中 Q_0——污泥量，mL；

Q_y——滤液量，mL；

C_g——滤饼中固体物浓度，g/mL。

由式（5-17）可求出 r 值，一般认为 r 为 $10^9 \sim 10^8$ s^2/g 的污泥为难过滤的，r 在（0.5～0.9）$\times 10^9$ s^2/g 的污泥其过滤难度为中等，r 小于 0.4×10^9 s^2/g 的污泥则易于过滤。

在污泥脱水中，往往需要进行化学调节，即通过向污泥中投加混凝剂的方法降低污泥的 r 值，达到改善污泥脱水性能的目的。而影响化学调节的因素中，除污泥本身的性质外，一般还有混凝剂的种类、浓度、投加量和化学反应时间。在相同实验条件下，采用不同的药剂、浓度、投加量和反应时间，可以通过污泥比阻实验选择最佳条件。

3. 实验装置与设备

（1）实验装置。

比阻实验装置如图 5–20 所示。

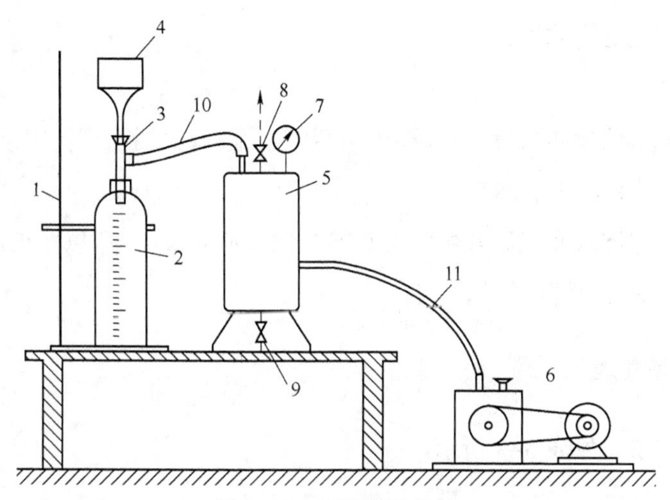

图 5–20　比阻实验装置

1—固定铁架；2—计量筒；3—抽气接管；4—布氏漏斗；5—吸滤筒；
6—真空泵；7—压力表；8—调节阀；
9—放空阀；10，11—连接管

（2）实验设备和仪器仪表。

① 水分快速测定仪。

② 秒表、滤纸。

③ 烘箱。

④ $FeCl_3$、混凝剂。

4. 实验步骤

（1）准备待测污泥（消化后的污泥）。

（2）布式漏斗中放置滤纸，用水喷湿。开动真空泵，使量筒中成为负压，滤纸紧贴漏斗，关闭真空泵。

（3）把 100 mL 调节好的污泥倒入漏斗，再次开动真空泵，使污泥在一定条件下过滤脱水。

（4）记录不同过滤时间 t 所对应的滤液体积 V 值。

（5）记录当过滤到泥面出现龟裂，或滤液达到 85 mL 时，所需要的时间 t。此指标也可以用来衡量污泥过滤性能的好坏。

（6）测定滤饼浓度。

注意事项：

（1）滤纸放到布式漏斗中，要先用蒸馏水湿润，然后再用真空泵抽吸一下，滤纸一定要贴紧，不能漏气。

（2）污泥倒入布式漏斗中时会有部分滤液流入量筒，所以在正常开始实验时，应记录量筒内滤液体积 V_0 值。

5. 数据整理

（1）记录，如表 5–3 所示。

表 5–3 记录表

时间 t/s	计算管内滤液体积 V_1/mL	滤液量 $V=V_1-V_0$（mL）	（t/V）/（s · mL^{-1}）

（2）将实验记录进行整理，t 与 t/V 相对应。

（3）以 V 为横坐标，以 t/V 为纵坐标绘图，求 b。

（4）根据下列两式可求 ω 值；

$$\omega=\frac{C_0 \cdot C_b}{C_b - C_0} \tag{5–20}$$

或

$$\omega=\frac{Q_0 - Q_y}{Q_y} \cdot C_b \tag{5–21}$$

式中 Q_0——过滤污泥量，mL；

Q_y——滤液量，mL；

C_b——滤饼浓度，g/mL；

C_0——原污泥浓度，g/mL。

（5）按式（5–20）和式（5–21）求污泥的比阻值。

6. 思考题

（1）污水处理厂剩余污泥的处理方法有哪些？你觉得哪种处理方法最好？为什么？

（2）污泥的比阻大小与污泥的结构有何关系？加絮凝剂可减小比阻的原理是什么？

（3）膜组件制备纯水，时间长了后，膜会发生膜污染，引起过滤压力增大、通量变小。请用今天的实验原理来解释上述现象，并提出减少膜污染的方案。

5.5　固体废物的粒度分析实验

1. 实验的目的与意义

在固体废物资源化中，了解、分析和掌握固体废物的基本特性对提高固废资源化程度有重要意义。本实验通过对固体废物的筛分分析，使大家了解和掌握粒度分析中套筛的使用，并对筛分过程及其筛分效果进行量化计算。

2. 实验原理

固体颗粒的大小称为粒度。实际上固体废物是不同尺寸的固体废物颗粒的混合物，将这些混合物分成若干级别，这些级别叫作粒级。固体废物中各级别的相对含量称为粒度组成。测定固体废物的粒度组成或粒度分布以及比表面积，就叫粒度分析。它是了解固体废物粒度特性，确定固体废物加工工艺或资源化的重要依据。

3. 实验设备与仪器

（1）500 g 台秤或天平。

（2）由 20 目、60 目、100 目和 200 目 4 个筛子组成的套筛。

（3）振动筛分机。

4. 操作步骤与规程

（1）把不同目数的筛子，按由粗到细和从上至下的顺序叠好，并放在底盘上。

（2）称筛分的固体废物 200 g，放在最上层筛上，盖上盖子。

（3）提起振动筛分机固定杆，把含物料的套筛放在振筛上，上面放上圆布。拧紧固定杆左右和上面的螺丝，把套筛固定好。

（4）检查一遍是否套筛已完全固定好。

（5）插上振筛插头，在数显上调节筛分时间到 5 s。

（6）按下绿色按钮启动，5 s 后振筛自动停机，检查套筛是否固定好，如果没有问题，在数显上调节筛分时间到 10 min。

（7）停机后松螺丝，把套筛取下来，称量各筛子筛上产物的重量，并记录。

（8）称量后把 200 目的产物放回原筛上，底盘清空，并将难筛粒清干净。重复上述筛分过程，再筛 10 min，取下并记录筛上筛下的重量。

5. 要求

（1）做一个完整的筛分分析表格，含累积产率。

（2）根据上述表格的筛分分析数据，做粒度—累积曲线图。

（3）根据两次筛分结果，计算第一次–200 目粒级的筛分效率。

（4）合并两次–200 目的筛下固体废物，并对每个级别的样品进行缩分、取样及样品进行标记，取样后在化验室对每个样品进行 Fe 的含量分析。

（5）根据 Fe 的分析结果，计算 Fe 在各粒级中的分布率，以曲线图表示，并根据 Fe 的分布情况，做出文字说明。

6. 注意事项

（1）注意不用湿的手插上或取下电源插座，以及不用左手操作。

（2）注意把振筛上的套筛固定好，如中途有松动现象，马上停机。待固定后重新开机，以免固体废物振出伤人。拧紧固定杆左右和上面的螺丝，把套筛固定好。

5.6　危险废物重金属含量及浸出毒性测定实验

1. 实验目的

（1）掌握危险废物中重金属含量的测定方法。

（2）掌握危险废物浸出毒性的测定方法。

（3）了解危险废物浸出毒性对环境的污染与危害。

2. 实验原理

危险废物是指列入《国家危险废物名录》或根据国家规定的危险废物鉴别标准和鉴别方法认定的具有危险特性的废物。危险废物具有毒性、腐蚀性、易燃性、反应性和感染性等一种或几种危害特性。含有有害物质的固体废物在堆放或处置过程中，若遇水浸沥，会使其中的有害物质迁移转化，污染环境。浸出实验是对这一自然现象的模拟实验。当浸出的有害物质的量值超过相关法规提出的阈值时，则该固体废物具有浸出毒性。浸出是可溶性的组分通过溶解或扩散的方式从固体废物中进入浸出液的过程。当填埋或堆放的固体废物和液体接触时，固相中的组分就会溶解到液相中形成浸出液。组分溶解的程度取决于固液相接触的点位、固体废物的特性和接触的时间。浸出液的组成及其对水质的潜在影响，是确定该固体废物是否为危险废物的重要依据，也是评价该固体废物所适用的处置技术的关键因素。

3. 实验设备与器材

（1）加热装置：板式电炉及 100 mL 瓷坩埚。

（2）硝化试剂：浓硝酸、王水、氢氟酸和高氯酸。

（3）定容装置：50 mL 容量瓶或比色皿。

（4）浸取容器：2 L 密封塞广口聚乙烯瓶。

（5）浸取装置：频率可调的往复式水平振荡机。

（6）浸取剂：去离子水或同等纯度的蒸馏水。

（7）滤膜：0.45 μm 微孔滤膜或中速定量滤纸。

（8）过滤装置：加压过滤装置、真空过滤装置或离心分离装置。

4. 实验步骤

（1）重金属含量的测定。

① 准确称取 0.1 g 试样，置于瓷坩埚中，用少许水润湿，加入 0.5 mL 浓硝酸和 10 mL 王水；

② 将瓷坩埚置于电炉上加热，反应至冷却，使残液不少于 1 mL；

③ 在残液中再加入 5 mL HF，进行低温加热至 1 mL；

④ 最后加入 5 mL 高氯酸加热至 1 mL；

⑤ 取下瓷坩埚，冷却，加入去离子水，继续煮沸使盐类溶解，再进行冷却；

⑥ 将最终残液移至 50 mL 容量瓶中，水洗瓷坩埚加入硝酸至酸度为 2%，定容至刻度。用原子吸收火焰分光光度法或 ICP-AES 测试溶液中重金属 Cr、Cd、Cu、Ni、Pb 和 Zn 的浓度 c_0。

（2）浸出毒性的测定。

浸出液的制备方法根据国家标准 GB 5086.2—1997《固体废物浸出毒性浸出方法——水平振荡法》执行。

① 将各危险废物样品研磨制成 5 mm 以下粒度的试样。

② 称取 10 g 试样，置于锥形瓶中，加去离子水 100 mL，将瓶口密封。

③ 将锥形瓶垂直固定于振荡仪上，调节频率为（110±10）次/min，在室

温下振荡浸取 8 h（可根据需要，适当调整浸取时间）。

④ 取下锥形瓶，静置 16 h，并于安装好滤膜的过滤装置上过滤，收集全部滤出液。用原子吸收火焰分光光度法或 ICP–AES 测试溶液中重金属的浓度 c。

根据测定的危险固体废物浸出液中重金属的浓度，计算得出危险固体废物的重金属 Cr、Cd、Cu、Ni、Pb 和 Zn 的浸出率 $\eta_{浸}$，详见下式：

$$\eta_{浸}=\frac{M}{M_0}\times 100\% \tag{5-22}$$

式中　M_0——危险固体废物中重金属物质的量，mg/g；

M——危险固体废物浸出的重金属物质的量，mg/g。

5. 数据记录与分析

记录并分析相关数据。

6. 思考题

（1）测试危险固体废物的重金属浸出毒性有何意义？

（2）有哪些因素会影响危险固体废物的浸出率？

5.7　固体废物焚烧与热解实验

1. 实验目的

固体废物焚烧和热解过程中，有机成分在高温条件下进行分解破坏，实现快速、显著减容。与生化法相比，焚烧和热解方法的处理周期短、占地面积小、可实现最大程度的减容及延长填埋场的使用寿命。而与普通焚烧法相比，热解过程产生的二次污染少。热解生成气或液体燃料在空气中燃烧与固体废物直接燃烧相比，不仅燃烧效率高，所引起的污染也低。

本实验的目的：

（1）了解焚烧和热解的概念。

（2）熟悉焚烧和热解过程的控制参数。

2. 实验原理

焚烧：焚烧炉内温度控制在 980 ℃左右，焚烧后体积比原来可缩小 50%～80%，分类收集的可燃性垃圾经焚烧处理后甚至可缩小 90%。近年来，将焚烧处理与高温（1 650 ℃～1 800 ℃）热分解、融熔处理结合，以进一步减小体积。据多种文献报道，每吨垃圾焚烧后会产生大约 5 000 m^3 的废气，还会留下原有体积一半左右的灰渣。垃圾焚烧后只是把部分污染物由固态转化成气态，其重量和总体积不仅未缩小，还会增加。焚烧炉尾气中排放的上百种主要污染物，组成极其复杂，其中含有许多温室气体和有毒物。当今最好的焚烧设备，在运转正常的情况下，也会释放出数十种有害物质，仅通过过滤、水洗和吸附法很难全部净化。尤其是二噁英类污染物，属一级致癌物。此外，焚烧法的巨额耗资和对资源的浪费不适合我国和众多发展中国家的国情。建设一座大中型焚烧炉动辄要 10 多亿元，建成投产后的环保的处理成本大约需 300 元/吨。

热解是有机物在无氧或缺氧状态下加热，使固体废物分解为气、液、固 3 种形态的混合物的化学分解过程。其中气体是以氢气、一氧化碳、甲烷等低分子碳氢化合物为主的可燃性气体；液体是在常温下为液态的包括乙酸、丙酮、甲醇等化合物在内的燃料油；固体为纯碳与玻璃、金属、土、砂等混合形成的炭黑。

固体废物的热解与焚烧相比有以下优点：

（1）可以将固体危险废物中的有机物转化为以燃料气、燃料油和炭黑为主的储存性能源。

（2）由于是缺氧分解，排气量少，故有利于减轻对大气环境的二次污染。

（3）废物中的硫、重金属等有害成分大部分被固定在炭黑中。

（4）NO_x 的产生量少。

3. 实验设备与器材

（1）实验装置。

实验装置为一套自制的装置，主要由控制装置、热解炉和液体冷凝收集系统 3 部分组成。热解炉可选取卧式或立式电炉，要求炉管能承受 800 ℃以上的高温，炉膛密闭。液体冷凝装置要求有一定的耐腐蚀能力。

（2）实验材料。

可以选取普通混合收集的有机城市生活垃圾，也可选取纸张、塑料、橡胶等单类别的垃圾。

（3）烘箱 1 台。

（4）电解装置 1 台。

（5）量筒 100 mL 1 个。

（6）电子天平 1 台。

4. 实验步骤

（1）称取两股若干物料（树枝）并称重（30 g），并将物料分别装入马弗炉和热解炉。

（2）接通电源。升温速度为 25 ℃/min，将炉温升到 280 ℃。

（3）恒温 10 min。

（4）20 min 内，将两炉的温度分别从 280 ℃升高到 680 ℃（观察升温过程中的实验现象）。680 ℃恒温 10 min，然后断电。

（5）待两炉自然降温后（不得立即开启炉膛），观察热处理产物，并称重。

5. 数据记录与分析

6. 思考题

（1）焚烧和热解的区别是什么？对于高热值的城市生活有机垃圾，你会采用什么方案进行最终处置？为什么？

（2）垃圾焚烧处置会产生焚烧飞灰，焚烧飞灰为无机物质，主要由浮尘、重金属盐和不充分燃烧所产生的炭黑等组成。另外，焚烧产生的二噁英也大部分存在于飞灰中。《国家危险废物名录》把垃圾焚烧飞灰列为危险废物，编号为HW18。请设计方案对焚烧飞灰进行最终处置。

（3）城市生活垃圾的最终处置的方法有哪些？据你认为：对于广州市而言，最好的城市垃圾的处理方法是什么？为什么？

（4）对于农村废弃秸秆等固体废物，你有什么好的处理方法吗？请说明。

5.8 有害固体废物的固化处理实验

1. 实验目的

有害固体废物的固化处理是固体废物处理的一种常用方法。通过固化实验，了解固化的基本原理，初步掌握用固化法处理有害物的研究方法。

2. 基本原理

将有害废物与固化剂或黏结剂，经混合后发生化学反应而形成坚硬的固状物，使有害物质固定在固状物内，或是用物理方法将有害固体废物密封包装起来的处理方法叫固化或稳定化。有害固体废物经固化处理后，其渗透性和溶出性均可降低。所得固化产品能安全地运输和进行堆存或填埋，对稳定性和强度适宜的固化产品可以作为筑路的基材使用。

固化处理划分为包胶固化、自胶固化、玻璃固化和水玻固化。包胶固化根据包胶材料的不同，分为硅酸盐胶凝材料固化、石灰固化、热塑性固化和有机聚合物固化。包胶固化适用于多种固体废物。自胶固化只适用于含有大量能成为胶结剂的固体废物。玻璃固化和水玻璃固化一般只适用于少量毒性特别大的固体废物处理，如高放射性固体废物的处理。

一般固体废物固化都采用包胶固化的方法，包胶固化是采用某种固化基材对固体废物进行包覆处理的一种方法。一般分宏观包胶和微囊包胶。宏观包胶是把干燥的、未稳定化处理的固体废物用包胶材料在外围包上一层，使固体废物与环境隔离；微囊包胶是用包胶材料包覆固体废物的微粒。宏观包胶工艺简单，但包胶一旦破裂，被包覆的有害固体废物就会进入环境造成污染。微囊包胶有利于有害固体废物的安全处置，是目前采用较多的固体废物处理技术。

本实验采用水泥为基材，固化含铬废渣。

水泥基固化是利用水泥和水化合时产生水硬胶凝作用将固体废物包覆的一种方法。普通硅酸盐水泥的主要成分为硅酸三钙、硅酸二钙、铝酸三钙和铁铝四钙，它们与水发生水化作用，产生一系列反应：

$$CaO \cdot SiO_2+H_2O \rightarrow CaO \cdot SiO_2 \cdot H_2O+Ca(OH)_2$$

$$CaO \cdot SiO_2+H_2O \rightarrow CaO \cdot SiO_2 \cdot H_2O$$

$$CaO \cdot Al_2O_3+H_2O \rightarrow CaO \cdot Al_2O_3 \cdot H_2O$$

$$CaO \cdot Al_2O_3 \cdot Fe_2O_3+H_2O \rightarrow CaO \cdot Al_2O_3 \cdot H_2O+CaO \cdot Fe_2O_3 \cdot H_2O$$

水化后产生的胶体将水泥颗粒相互连接，渐渐变硬而凝结成为水泥石，在变硬凝结过程中将砂、石子、含铬废馇等固体废物包裹在水泥石中。

3. 实验设备和药品

（1）实验仪器设备。

搅拌锅、拌和铲，振动台、养护箱、台秤、天平、标准稠度与凝结时间测定仪，压力测试机、分光光度计、模子。

（2）实验材料及药品。

普通硅酸盐水泥、含铬废渣和分析铬所需的药品。

4. 实验步骤

（1）制作固化体。

称取水泥 150 g，重铬酸钾（化学纯）0.5 g、1 g、1.5 g 和 2 g。将水泥和重铬酸钾混匀后缓缓加入 50 mL 左右的水并搅拌，放置于养护箱内硬凝至少 24 h。

（2）有毒物质的浸出。

将固化体浸泡于 300 mL 蒸馏水中过夜，于第二天测定蒸馏水中六价铬的含量。

5. 实验记录与数据处理

（1）实验记录如表 5–4 所示。

表 5–4　实验记录

配比	
滤液中有毒物含量/（mg・L^{-1}）	
有毒物溶出率/%	

$m_{水泥}$=　　　　　　　　　　$V_{水}$=

浸出液 pH 值=　　　　　　　　$M_{重铬酸钾}$=

滤液中有毒物质的含量 *m*=　　　　有毒物质的浸出率：*m*/*M*=

5.9　BET 容量法测定固体物质的比表面

1. 实验目的

（1）通过测定固体物质的比表面掌握比表面测定仪的基本构造及原理。

（2）学会用 BET 容量法测定固体物质比表面的方法。

（3）通过实验了解 BET 多层吸附理论在测定比表面中的应用。

2. 实验内容

本实验包括固体物质的制备和比表面测定两个方面的内容。

3. 实验要求

本实验为设计型实验，对固体物质的制备，学生需查阅相关文献并设计制备方案。固体物质比表面的测定和比表面测定仪的使用需在教师的指导下进行。

4. 实验准备

查阅文献，设计固体物质制备的实验方案，并准备所需药品和仪器。

5. 实验原理、方法和手段

BET 法测定比表面是以氮气为吸附质，以氦气或氢气作载气，两种气体按一定比例混合，达到指定的相对压力，然后流过固体物质。当样品管放入液氮保温时，样品即对混合气体中的氮气发生物理吸附，而载气则不被吸附。这时屏幕上即出现吸附峰。当液氮被取走时，样品管重新处于室温，吸附的氮气就脱附出来，在屏幕上出现脱附峰。最后在混合气中注入已知体积的纯氮，得到一个校正峰。根据校正峰和脱附峰的峰面积，即可算出在该相对压力下样品的吸附量。改变氮气和载气的混合比，可以测出几个不同的氮的相对压力下的吸附量，从而可根据 BET 公式计算比表面。

BET 公式：

$$\frac{P}{V(P_0-P)}=\frac{1}{V_mC}+\frac{C-1}{V_mC}\cdot\frac{P}{P_0} \tag{5-23}$$

式中　P——氮气分压，Pa；

P_0——吸附温度下液氮的饱和蒸气压，Pa；

V_m——样品上形成单分子层需要的气体量，mL；

V——被吸附气体的总体积，mL；

C——与吸附有关的常数。

以 $\frac{P}{V(P_0-P)}$ 对 $\frac{P}{P_0}$ 作图可得一直线，其斜率为 $\frac{C-1}{V_mC}$，截距为 $\frac{1}{V_mC}$，可得：

$$V_m=\frac{1}{斜率+截距} \tag{5-24}$$

若已知每个被吸附分子的截面积，则可求出被测样品的比表面，即：

$$S_g=\frac{V_mN_AA_m}{2\,240W}\times10^{-18} \tag{5-25}$$

式中　S_g——被测样品的比表面，m^2/g；

N_A——阿佛加得罗常数；

A_m——被吸附气体分子的截面积，(nm)^2；

W——被测样品质量，g。

BET 公式的适用范围为：P/P_0=0.05～0.35，这是因为比压小于 0.05 时，压力大小建立不起多分子层吸附的平衡，甚至连单分子层物理吸附也还未完全形成。在比压大于 0.35 时，由于毛细管凝聚变得显著起来，所以破坏了吸附平衡。

6. 实验条件（仪器和试剂）

F–Sorb 3400 型比表面和孔径测定仪 1 套（含微机与打印）；氮气瓶 1 个；氦气瓶 1 个；液氮罐（6 L）1 个；分析天平 1 台；α–氧化铝（色谱纯）；固体物质（被测样品）可随机选择，不固定，其药品依需要而定。

7. 实验流程图

采用 F–Sorb 3400 型比表面测和孔径定仪，用 BET 法测定比表面。BET 容量法测定比表面的流程示意图如图 5–21 所示。

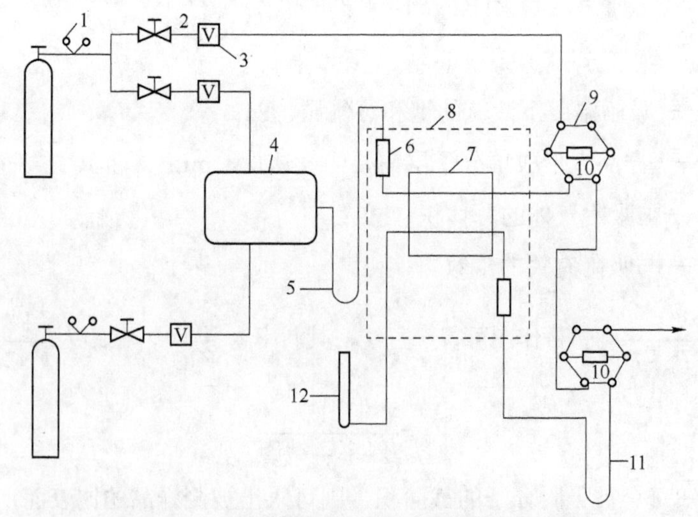

图 5–21 BET 容量法测定比表面的流程示意图

1—减压阀；2—稳压阀；3—流量计；4—混合器；5—冷阱；6—恒温管；
7—热导池；8—油浴箱；9—六通阀；10—定体积管；11—样品吸附管；12—皂膜流量计

8. 实验仪器结构与软件设置

测试主机一共 4 路，图 5–22 所示为关于测试管路与软件设置之间的对应关系。

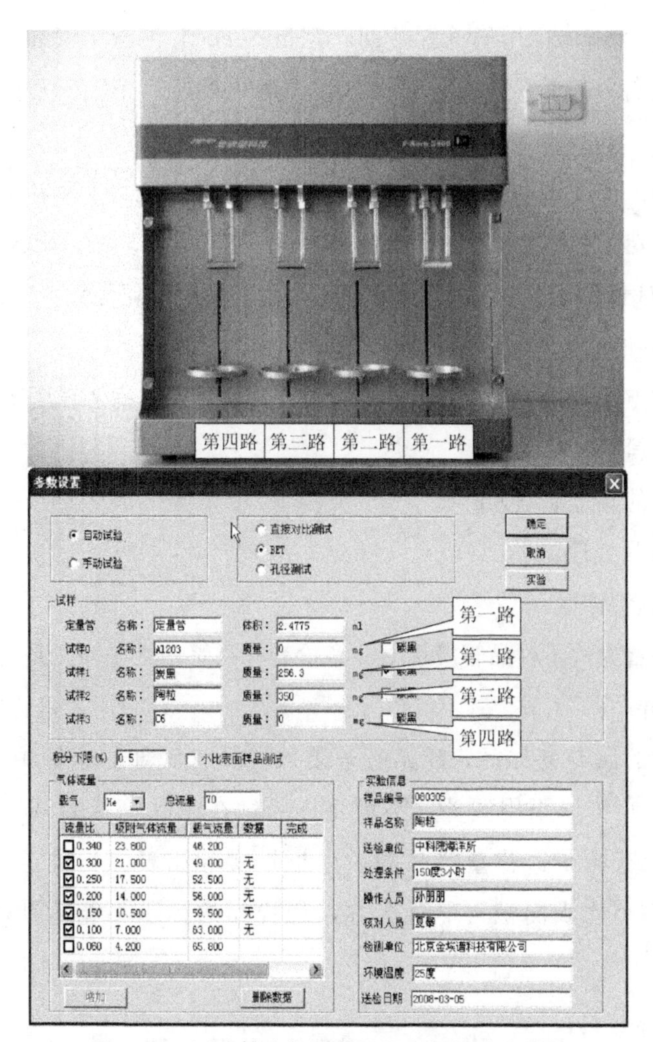

图 5–22 测试管路与软件设置之间的对应关系

9. 实验步骤

固体物质的制备流程为：

（1）设计一定的制备方案，让老师检查是否合理。

（2）若合理，则按制备方案选取原材料和实验器材。

（3）制备固体物质。固体物质制备方法示例：用不同方法制备 $Fe(OH)_3$。

① 制备过程。

第一种：滴加法。用滴液漏斗向一定量的 $FeCl_3$ 溶液中滴加 NaOH 溶液，边滴加边搅拌，使溶液 pH 值达到 10，然后继续搅拌 30 min，制得 $Fe(OH)_3$ 沉淀。

第二种：模板法。向 0.05 mol/L 的十二烷基硫酸钠（一种表面活性剂）溶液中加入一定量的 $FeCl_3$ 溶液，搅拌 30 min，使其混合均匀。用 NaOH 溶液调节溶液的 pH 值到 10，继续搅拌 30 min，制得 $Fe(OH)_3$ 沉淀。

② 样品的后处理过程（在同样条件下）。

用两种方法制得的沉淀，经洗涤，过滤，并且在同样的温度下干燥，制得干燥的固体粉末。

比表面的测定流程为：

（1）样品处理。

① 样品管称量。

装样前首先称量样品管质量，注意检查样品管是否干净、是否损坏。

② 装样品。

用配套的漏斗装样品，样品必须装入样品管底部的粗管中。如果样品颗粒较大，则可以不用漏斗，不可将样品粘在样品管两端细管的管壁上，否则对吸附有影响。称量样品的质量根据实际比表面积确定，大比表面积称少量，小比表面积可尽量多称，但样品的体积不能超过样品管容积的 2/3。

③ 样品烘干。

温度要求：一般样品最低烘干温度为 105 ℃，这时样品中的水分子才能沸腾。如果不能确定烘干温度，可根据样品的耐温程度确定，测比表面积一般在 150 ℃左右。

真空度要求：测比表面积一般不用抽真空，孔多时，建议抽真空；测量孔径分布时，都要抽真空。样品处理不能用鼓风干燥箱鼓风。

处理时间：3 h 左右，可根据实际调节。

④ 样品称量。

样品烘干后从烘箱中取出迅速移入干燥器中冷却至常温，然后再称量样品和管的总质量，最后计算出样品的实际质量，即：

样品质量=样品和样品管总质量–样品管质量（单位：mg）

（2）测试前准备。

① 安装样品管。

将处理好的样品装入测试仪器，注意样品管接头是金属材质，不要将管子磕破。注意在 4 路中不测的一路必须接一样品管。

② 通气。

主机通电前首先通气，将两路气体压力分别调节在 0.16 MPa，通气时间最少 5 min，仪器长期不用则通气时间长一些，以免热导池损坏。

③ 热导池预热。

通气一段时间后，再调节气压值至 0.16 MPa（开始气压会有所下降，须多次调节），单击“热导池预热”按钮（图 5–23），系统自动调节流量到一定值，热导池通电预热，预热需要 30 min 左右。

图 5–23　热导池预热按钮

（3）实验参数设置。

热导池预热过程中可以进行实验参数设置，单击“实验设置”按钮，出现一个参数设置界面，以下对 BET 容量法的测试参数设置进行详细介绍。

BET 容量法的测试参数设置界面如图 5–24 所示，BET 容量法测试 P/P_0，在 0.05～0.35 之间选 3～5 个点，软件中已经在此范围平均选了 7 个点，只需在要测的点前打钩即可，BET 容量法测试最少选 3 个点。若选 1 个点或 2 个点，那么得出的结果只是单点 BET 容量法测试结果。定量管体积已经提前校准，不能改动，自己也可以用标准样品重新校准。测炭黑比表面积时，如果还要测其外比表面积，则须在炭黑前打钩，否则没有所要的数据。不测的一路除接一空管外，在实验设置中必须将该路样品质量写为“0”。

需注意的是，多点 BET 容量法测试最少选 3 个点，单点 BET 容量法测试只需选一个点（0.20 或 0.25 点）；软件中的样品名称和质量设置要与测试管路中被测样品一一对应；不测的一路必须装一空样品管，参数设置中对应的这一路样品质量写为“0”。

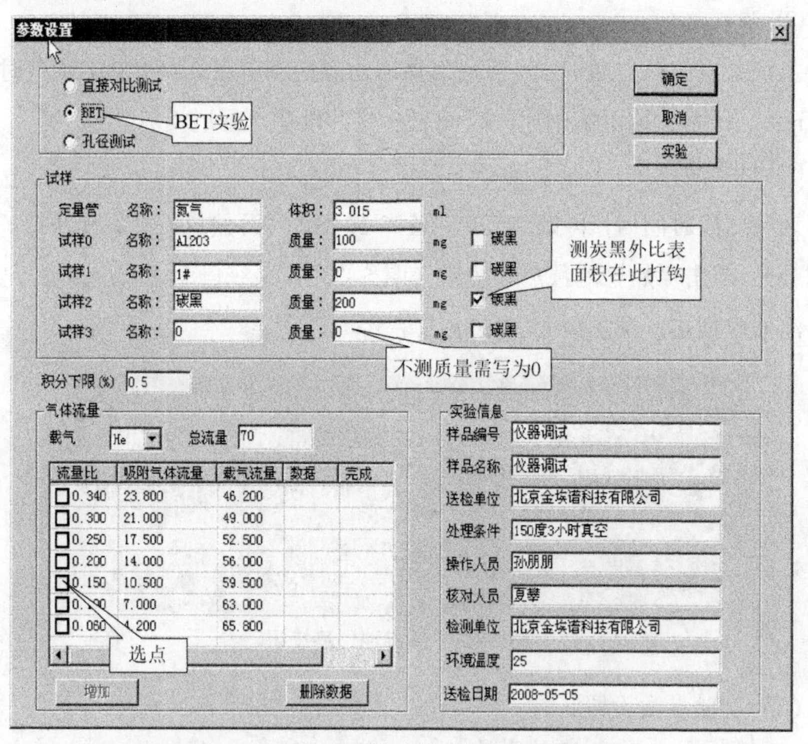

图 5–24 BET 容量法的测试参数设置界面

（4）样品测试。

先观察气压表是否显示在 0.16 MPa，实验设置是否准确无误，单击“开始测试”按钮（图 5–25）。

系统自动进行一次复位操作，检查一切是否正常，然后系统提示是否进行实验，单击“是”按钮自动调节流量开始测试。

图 5–25　“开始测试”按钮

测试过程中，软件设置内容无法改动，设置图标显灰色，如果中间要停止实验，则先单击“结束实验”按钮（图 5–26）；待程序结束后，设置图标变亮，再关闭软件窗口（程序未结束时不可强制关闭窗口，以免数据丢失）。测试过程中，可以通过改变图 5–27 坐标轴大小调整曲线的显示比例。

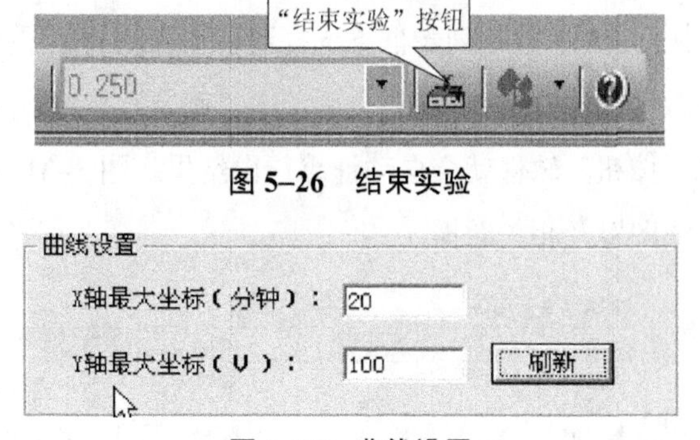

图 5–26　结束实验

图 5–27　曲线设置

需注意的是，整个测试过程中气压即使有稍微的波动也不可调节；不可强制关闭程序；实验结束后，先关掉主机电源，过几分钟再关闭气源。

（5）数据分析。

BET 容量法测试结果举例：图 5–28 所示为 BET 容量法测试脱附曲线，左一是定量管脱附曲线，其余从左往右依次是第一路到第四路样品的脱附峰。根据实际情况可以对得到的数据进行筛选，通过改变坐标轴范围（图 5–27）调节曲线的显示比例（图 5–28），以此来观察样品的脱、吸附情况。

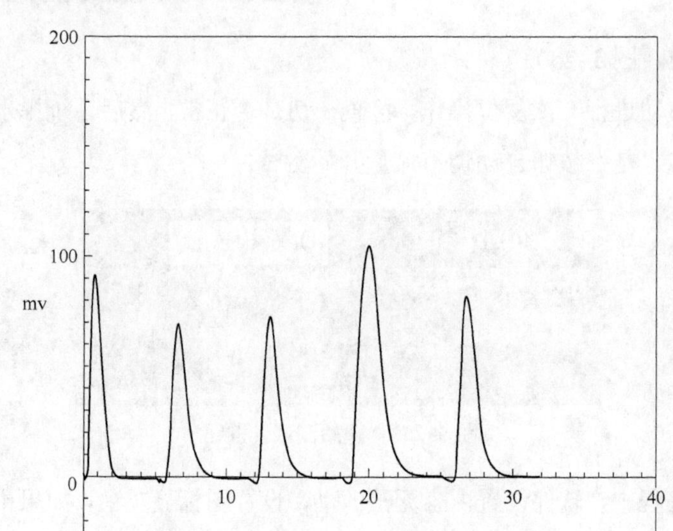

图 5–28　BET 容量法测试脱附曲线

通过观察 BET 曲线的线性拟合度判断每个 P/P_0 点的测试情况，可以将离曲线远的点去掉，以达到更好的拟合。单击图 5–29 中的“实验设置”按钮，在图 5–30 中“是否计算”列表框下选择要参与计算的数据，双击“是”(否)按钮就会变成“否”(是)按钮，选择之后单击“确定”按钮，然后单击图 5–29 中的“重新计算”按钮，软件就会自动计算得出结果。图 5–31 所示为 BET 容量法测试得到的曲线图以及相关数据。

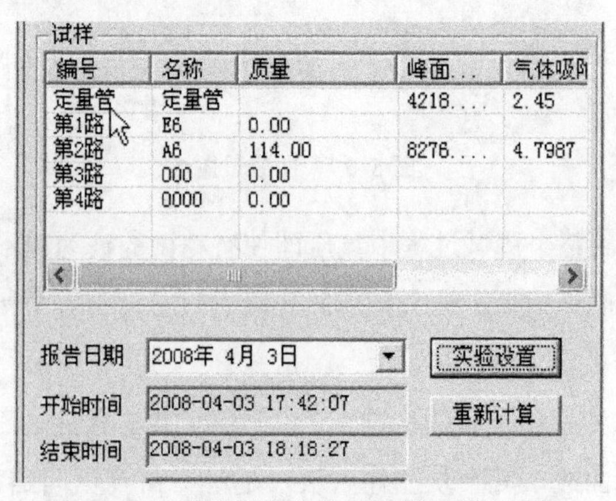

图 5–29　“实验设置”和“重新计算”按钮

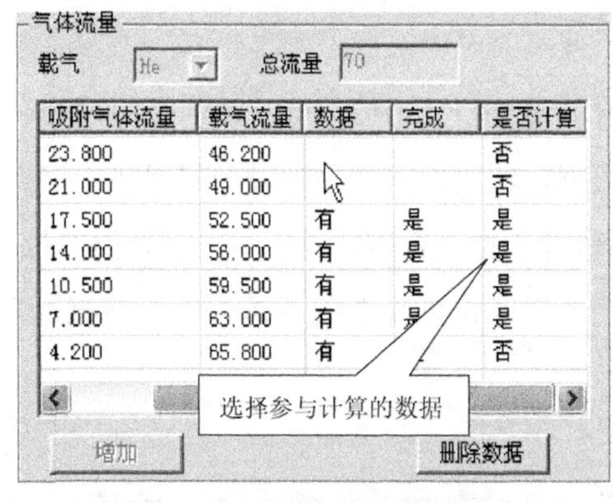

图 5–30　选择参与计算的数据

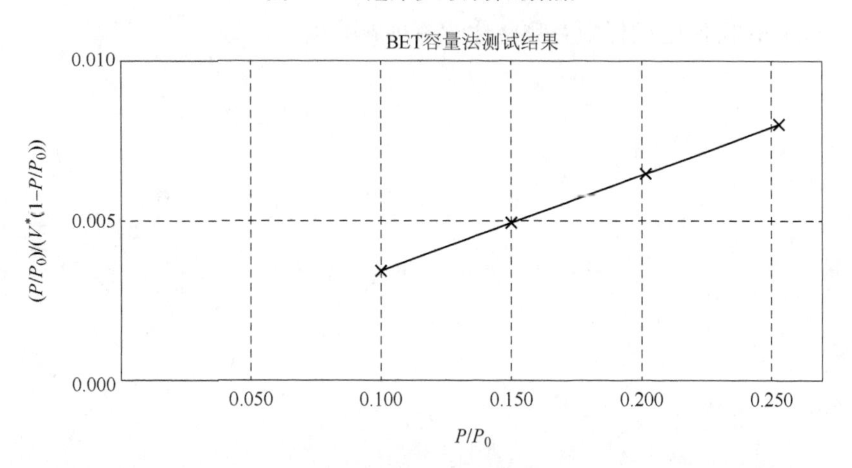

详 细 测 试 数 据

P/P_0	实际吸附量 V/mL	(P/P_0) / $[V^*(1-P/P_0)]$	单点 BET 比表面积
0.252 749	4.798 743	0.008 035	136.891 996
0.201 858	4.473 072	0.006 446	136.291 963
0.149 867	4.115 270	0.004 883	133.557 739
0.099 780	3.622 025	0.003 489	124.475 541
斜率	截距	单层饱和吸附量 V_m/mL	吸附常数 C
0.029 759	0.000 474	33.076 592	63.818 877
线性拟合度	比表面积/ $(m^2\cdot g^{-1})$	炭黑外比表面积	Langmuir 比表面积
0.999 679	143.949 327		232.003 612

图 5–31　**BET** 容量法测试结果

（6）数据保存。

实验过程中，开始测完一个 P/P_0 点，软件会根据填写的参数信息自动建立一个文档并保存数据，默认保存在文件安装目录下，保存目录也可以自己设置。每测完一个点，软件会自动保存一次，不会因为偶然性错误引起数据丢失。一次实验结束后关闭窗口时，软件会提示是否保存数据，单击“是”按钮。

10. 思考题

（1）在实验中为什么控制 P/P_0 在 0.05～0.35 之间？

（2）仪器使用过程中有哪些注意事项？

第六部分　固体废物综合设计性实验

6.1　城市生活垃圾的分类实验

1. 实验目的

（1）了解城市生活垃圾的分类方法。

（2）通过实地分选，了解广州市大学城各校区生活垃圾中各类固体废物的含量。

2. 实验器材

磅秤、塑料袋、口罩、手套、标签纸、生活垃圾。

3. 实验地点

广州市大学城。

4. 实验步骤

（1）每组取一斗车生活垃圾样本于空地上铺开。

（2）组员按照生活垃圾的分类方法（表 6–1）将样本分为 13 类。

表 6–1 城市生活垃圾分类方法

(1) 有机废物	(2) 金属	(3) 硬塑料	(4) 尿布/纤维素
(5) 纸/纸板	(6) 纺织品	(7) 复合材料	(8) 玻璃/矿物/瓷器
(9) 塑料薄膜	(10) 木制品	(11) 危险废物	(12) 烹饪石头/灰
(13) 残余物			

(3) 将每类垃圾分别装袋并称重。

(4) 计算每类垃圾的比例，分析垃圾成分产生的可能原因。

6.2 参观城市垃圾的收运、压实、中转、堆肥及资源化过程

1. 实验目的

(1) 了解城市生活垃圾中转站的必要性。

(2) 通过实地参观垃圾中转站的工作流程，熟悉主要设备及运行原理。

(3) 了解城市生活垃圾的来源与去处。

2. 实验形式

参观、记录。

3. 实验地点

广州市大学城生活垃圾中转站。

6.3 生物质热解实验

1. 实验目的

熟悉并掌握生物质热解的基本过程；掌握实验室管式热解炉的工作原理和

方法；掌握热解过程和热解产物的相关概念。

2. 实验内容和要求

管式炉实验在自行设计的实验仪器上进行，如图 6–1 所示。实验所选温度为 500 ℃，实验过程如下：首先将实验所需物料精确称量后放入瓷舟 4，并检查整个系统的气密性；再用气瓶 1 中高纯氮气对整个密闭系统进行吹扫，排空系统中残留的空气；之后按照 10 ℃/min 的升温速率升到设定温度，迅速将瓷舟 4 推入炉膛内适宜位置进行反应；热解过程中产生的气体经过气体收集过滤装置 9、10、11 进行收集。

拓展实验：设定不同的分解温度，进行上述实验。

3. 实验主要仪器设备和材料

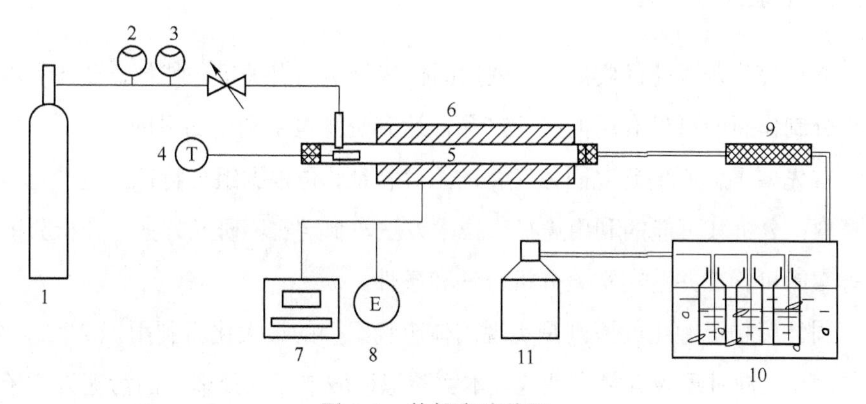

图 6–1　热解实验装置

1—气瓶；2—流量计；3—流量计；4—热电偶和瓷舟；5—石英管；6—管式炉；7—温度控制器；8—电源；9—过滤器；10—冷却收集系统；11—气体收集装置

4. 实验报告要求

描述整个实验过程，记录实验数据，能准确回答思考题。

5. 思考题

若改变热解温度，实验过程现象有无变化？产物有无区别？

6.4 固体废物特性分离实验

1. 实验目的与意义

本实验为设计研究性实验。学生通过自主设计固体废物特性分析的程序和方法，对固体废物的物理化学性质进行测试分析，通过实验，了解固体废物组成及性质特征，并提出固体废物资源化的可能途径。

通过本实验室的训练，使学生了解固体废物资源化的技术原理和特点，掌握固体废物资源化途径的选择方法和依据。

2. 实验原理

固体废物资源化的实质是，依据固体废物中的有关组分特征，设计利用这些组分制作新的可供利用的工业产品，达到资源再生利用的目的。

首先要了解所要研究固体废物的组分特征，再根据组分特征，通过查询相关资料，分析其可能的利用途径、技术方法，制定实验研究方案，分析验证实验方案的可行性并落实实验分析方法和条件。

固体废物资源化的原则是实现固体废物组分的最大化再利用，减少二次污染的产生，同时还应容易产业化。本实验拟以城市污水处理厂的污泥为实验对象。我国城市污水厂的污泥是指处理污水所产生的固态、半固态及液态的废弃物，其含有大量的有机物、重金属以及致病菌和病原菌等，不加处理任意排放。由于城市污水处理厂污泥中含有大量的有机物、营养元素等，因此污泥的资源化利用受到人们的关注，如污泥农业利用、土地利用、建筑利用和园林绿化利用等。为此，分析污泥的性质是科学合理地进行污泥处置与资源化的前提条件。

本实验通过分析测定污泥的主要物质组成和污泥的物理化学性质，寻找合适的再利用途径，减轻城市污水处理厂生产压力和污泥的环境风险，实现废物资源再生利用。

3. 实验设备、原料及试剂

（1）实验设备。

① 实验仪器与设备。

② 紫外分光光度计 1 台。

③ pH 计 2 台。

④ 磁力搅拌器 4 台。

⑤ 高温马弗炉（1 300 ℃以上）1 台。

⑥ 烘箱 2 台。

⑦ 台秤 1 台。

⑧ 电子天平（千分位）1 台。

⑨ 秒表 2 块。

⑩ 可控温电炉 4 台。

⑪ 高压锅 1 台。

⑫ 小型粉碎机 1 台。

（2）实验药品与化玻璃器皿。

① 量筒，100 mL、500 mL、1 000 mL 各 1 个。

② 玻璃烧杯，100 mL、500 mL、1 000 mL 各 3 个。

③ 坩埚，100 mL、500 mL 各 4 个。

④ 容量瓶若干。

⑤ 移液管、滴定管若干。

⑥ 漏斗、定性和定量滤纸。

⑦ 密度瓶，100 mL、500 mL 各 4 个。

⑧ 标准筛，0.5 mm、0.2 mm、200 目各一个。

⑨ 具塞比色管，25 mL、50 mL 各 6 个。

⑩ 污水处理厂压滤污泥 2 000 g。

⑪ 铬、镉、铅、铜、锌、镍标准溶液。

4. 实验内容及步骤

（1）文献、资料查询。通过文献资料查询确定分析方法及程序，实验报告中的参考文献不少于 6 篇。

（2）实验材料的准备。根据查询到的分析方法及程序，准备实验材料。

（3）实验内容。

① 污水厂污泥的含水率。

② 污水厂污泥的水溶性。

③ 污水厂污泥浸出液 pH 值和主要重金属污染物。

④ 有机物及无机物的含量。

⑤ MLSS 与 MLVSS（选做）。

⑥ 有机物、无机物的主要存在形式（选做）。

⑦ 容重及密度的测定。

（4）实验数据整理。

将实验所取得的数据列表或用曲线图表示。

5. 讨论

（1）实验采用方法的可靠性。

（2）污水厂污泥可溶性对环境的影响。

（3）污水厂污泥的组成特征与资源化用的关系。

6.5 污泥制备陶粒

1. 实验目的

本实验为设计研究性实验。学生通过自主设计以污泥为主要原料制备陶粒的配方和工艺条件，制备一定数量的陶粒的实验，了解固体废物资源化的技术原理和特点，掌握固体废物资源化的途径以及分析选择方法。

2. 实验原理

固体废物资源化的实质是依据固体废物中的有关组分特征，设计利用这些组分制作新的可供利用的工业产品，达到物质的循环利用的目的。首先要分析了解所要研究的固体废物的组分特征，再根据组分特征，通过查询相关资料，分析其可能的利用途径、技术方法，制定实验研究方案，通过实验，验证方案的可行性并找出工艺参数。固体废物资源化的原则是尽可能多地利用固体废物中所有的组分，同时容易形成工业化生产，不产生二次污染。

陶粒广泛用于建筑、污水处理及庭院绿化等，是一种以硅酸盐、黏土等非金属材料烧制的多孔球形物，主要组分为 Al_2O_3、SiO_2。牛仔布印染污泥是牛仔服生产企业生产废水处理产生的污泥，含有10%～15%的纤维、Al_2O_3、SiO_2，与陶粒的组分相近。如果将其用作陶粒的原料，则可大规模地消化牛仔布印染污泥。纤维在烧制过程中，一方面可产生热，提供烧制的热能，降低烧制陶粒的能耗；另一方面纤维炭化、挥发，在陶粒中形成孔隙，增大陶粒的比表面，减少容重，提高陶粒的使用性能。

3. 实验设备、原料及试剂

（1）实验设备。

① 球磨机 1 台；

② 电子天平、台秤各 1 台；

③ 烘箱 1 台；

④ 量筒，100 mL、500 mL、1 000 mL 各 1 个；

⑤ 秒表 2 块；

⑥ 玻璃烧杯，100 mL、500 mL、1 000 mL 各 3 个；

⑦ 坩埚，100 mL、500 mL 各 4 个；

⑧ 分光光度计 1 台；

⑨ 高温马弗炉（1 300 ℃以上）1 台；

⑩ 容量瓶若干；

⑪ 移液管、滴定管若干；

⑫ 制球模型 1 块；

⑬ 密度瓶，100 mL、500 mL 各 4 个；

⑭ 标准筛，0.5 mm、0.2 mm、200 mm 目各一个。

（2）实验原料。

① 牛仔布印染污泥 20 kg；

② 黏土 1 kg；

③ 黏结剂（羧甲基纤维素）20 g；

④ 分析试剂（吸碘值）。

4. 实验内容及步骤

（1）文献、资料查询。

通过文献资料查询确定基本配方、工艺条件，每个实验小组必须进行 3 组以上的实验，参考文献不少于 4 篇。

（2）实验材料的准备。

根据资料查询一定的配方，准备实验材料，并进行预处理。将取来的试料风干、粉碎、混合均匀，分成若干等份，用塑料袋密封保管以备用。

（3）实验步骤。

① 配料。按拟定的配方称取各种物料，放入球磨机中磨一定的时间，混合均匀后，从球磨机中取出物料。注意每次应将磨机清理干净。

② 拌料。将混合的物料，根据配方量取一定的水，拌和均匀，放置一定时间，让其熟化。

③ 成型制球。将熟化的物料植入制球模型，压制成型。

④ 风干焙烤。将研制成型的球在自然状态下风干或在低于 100 ℃的温度下烘干。注意一定要慢烤，否则会开裂、破损。

⑤ 烧结。将风干的球装入瓷坩埚中，做好记号，置入马弗炉中，按所选择确定的升温曲线升温、保温一定时间，自然冷却到室温，得成品。

（4）实验分析及计算。

① 外形观察。磨成一定的平面，在显微镜下观察。

② 容重的测定。取经过校准的容器，容积为 V、质量为 G_0，盛满球，称量为 G_1。

容重：

$$\delta = \frac{G_0 \times G_1}{V}\text{（g/m）} \tag{6–1}$$

吸水率的测定：

$$W = 100\% \times \frac{m_1 - m_2}{m_0} \tag{6–2}$$

式中 m_0——干试料在空气中的质量，g；

m_1——水饱和试料在空气中的质量，g。

5. 讨论

（1）分析印染污泥制取陶粒的可行性。

（2）简述陶粒的制备原理及用途。

（3）分析逃离中各工艺参数对陶粒质量的影响。

6.6 有机垃圾生物处理模拟实验

1. 实验目的与意义

部分有机固体废物可以通过微生物的氧化、分解等生物化学过程转化为稳定的腐殖质、沼气和化学转化品，实现无害化和资源化。好氧堆肥和厌氧消化是有机固体废物生物处理的主要工艺技术。本实验的目的是：

（1）观察有机固体废物在生物处理过程中的变化，加深堆肥和厌氧消化概念的理解。

（2）掌握好氧堆肥和厌氧消化工艺过程和控制方法。

（3）了解好氧堆肥和厌氧消化工艺影响因素。

2. 实验原理

（1）好氧堆肥。

堆肥工艺是一种很古老的有机固体废物的生物处理技术。早在化肥还没有被广泛施于农业以前，堆肥一直是农业肥料的来源，人们将杂草落叶、动物粪便等堆积发酵，其产品称为农家肥，它可以使土地肥沃，保证土壤必需的有机营养，由此获得农作物的优质高产。随着科学技术的不断进步，人们已将这一古老发酵方式转为机械化和自动化。如今的堆肥技术已发展到以城市生活垃圾、污水处理厂的污泥、人畜粪便、农业废物及食品加工废物等为原料，以机械化代替原先的手工操作，并通过对发酵工艺的开发，走向现代化。

好氧堆肥是在有氧条件下，好氧菌对废物进行吸收、氧化、分解。微生物通过自身的生命活动，把一部分被吸收的有机物氧化成简单的有机物，同时释放出可供微生物生长活动需要的能量，而另一部分有机物则被合成新的细胞质，使微生物不断生长繁殖，产生出更多的生物体。

有机物生化降解的同时，伴有热量产生，因发酵工程中该热能不会全部散发到环境中，所以必然造成发酵物料的温度升高。这样就会使那些不耐高温的微生物死亡，耐高温的细菌快速繁殖。生态动力学研究表明，好氧分解中，发挥主要作用的是菌体硕大、性能活泼的嗜热细菌群。该菌群在大量氧分子存在下将有机物氧化分解，同时释放大量能量。据此，发酵过程应伴随着两次高温，将其分成如下 3 个过程：起始阶段、高温阶段和熟化阶段。

① 起始阶段：不耐高温的细菌分解有机物中易降解的葡萄糖、脂肪酸，同时放出热量使温度上升，温度可达 15 ℃～40 ℃。

② 高温阶段：耐高温菌迅速繁殖，在供氧条件下，大部分较难降解的有机物（蛋白质、纤维等）继续被氧化分解，同时放出大量热能，使温度上升至 60 ℃～70 ℃。当有机物基本分解完时，嗜热菌因缺乏养料而停止生长，产热随之停止，堆肥的温度逐渐下降。当温度稳定在 40 ℃，发酵基本达到稳定，

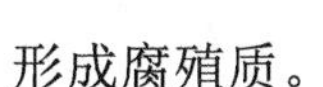
形成腐殖质。

③ 熟化阶段：冷却后的发酵，一些新的微生物借助残余有机物（包括死掉的细菌残体）而生长，将发酵过程最终完成。在基本掌握了堆肥的原理和过程之后，发酵堆肥过程的关键就是如何选择工艺条件，促使微生物降解的过程顺利进行，主要考虑供氧量、含水量、碳氮比、碳磷比、pH 值等条件。

（2）厌氧消化：在无分子氧的条件下，通过兼性细菌和专性厌氧细菌的作用，使污水或污泥中各种复杂有机物分解转化成甲烷和二氧化碳等物质的过程。其最终产物与好氧处理不同：碳素大部分转化为甲烷，氮素转化为氨，硫素转化为硫化物，中间产物除同化合成细胞质外，还合成复杂而稳定的腐殖质。

厌氧消化过程是一个极其复杂的生物化学过程。1997 年，伯力特（Bryant）等人根据微生物的生理种群提出的厌氧消化三阶段理论，是当前较为公认的理论模式，即水解酸化阶段、产氢产乙酸阶段和产甲烷阶段。

第一阶段为水解酸化阶段。在此阶段，复杂的大分子、不溶性有机物先在细胞外酶的作用下水解为小分子及溶解性有机物，然后渗入细胞体内，分解产生挥发性有机酸、醇类、醛类等。这个阶段主要产生较高级的脂肪酸。碳水化合物、蛋白质和脂肪被分解和酸化为单糖、氨基酸、脂肪酸、甘油及二氧化碳、氢等。

如果污水或污泥中含有硫酸盐，另一组细菌——脱硫弧菌就利用有机物和硫酸根合成新的细菌，产生 H_2S 和 CO_2，在甲烷发酵前就代谢掉许多有机物，从而使甲烷产量降低。

第二阶段为产氢产乙酸阶段。在产氢产乙酸细菌的作用下，第一阶段产生的各种有机酸被分解转化成乙酸、CO_2 和 H_2，例如：

$$CH_3CH_2CH_2CH_2COOH+2H_2O+CH_3CH_2COOH+CH_3COOH+2H_2$$

（戊酸）　　　　　　　　（丙酸）　　（乙酸）

$$CH_3CH_2COOH+2H_2O+CH_3COOH+3H_2+CO_2$$

（丙酸）　　　　　　（乙酸）

第三阶段为产甲烷阶段。产甲烷细菌将乙酸、乙酸盐、CO_2 和 H_2 等转化为甲烷。此过程有两组生理上不同的产甲烷细菌，一组把氢和二氧化碳转化为甲烷，另一组从乙酸或乙酸盐脱氢产生甲烷。前者约占总量的1/3，后者约占2/3。

$$H_2+CO_2（产甲烷菌）\rightarrow CH_4+H_2O（占1/3）$$

$$CH_3COOH+H_2O（产甲烷菌）\rightarrow CH_4+CO_2（占2/3）$$

$$CH_3COONH_4+H_2O（产甲烷菌）\rightarrow CH_4+NH_4HCO_3$$

产甲烷细菌由甲烷杆菌、甲烷球菌等绝对厌氧细菌组成。由于产甲烷细菌世代时间长、繁殖速度慢，所以这一阶段控制了整个厌氧消化过程。

虽然厌氧消化过程可分为上述3个阶段，但在厌氧反应器中，3个阶段是同时进行的，并保持某种程度的动态平衡。这种动态平衡一旦被某种外加因素打破，首先将是产甲烷阶段受到抑制，并导致低级脂肪酸的积存和厌氧进程的异常变化，甚至会导致整个厌氧消化过程的停滞。因此，为保证消化过程正常进行，必须建立这一平衡。

3. 好氧堆肥过程模拟

（1）实验装置。

由6个有机玻璃制发酵抽屉、1台增氧泵、1套布气管路、1套固体支架及连接管道等组成，每个发酵箱容积为20 L，规格为720 mm×450 mm×1 000 mm。装置结构示意图如图6–2所示。

（2）操作步骤。

① 将40 kg有机垃圾进行人工剪切破碎，并筛分，使垃圾粒度小于10 mm。

② 测定有机垃圾的含水率。

③ 将破碎后的有机垃圾投加到每个反应器中，控制供气流量为 1.0 m^3/(h·t)。

④ 在堆肥开始第1、3、5、8、10、15天分别取样测定堆体的含水率，记录堆体中央温度，从气体取样口取样测定 CO_2 和 O_2 浓度。

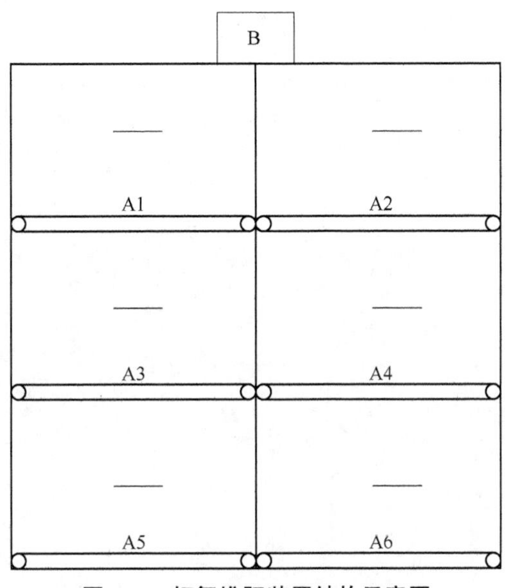

图 6–2　好氧堆肥装置结构示意图

⑤ 调节供气流量分别为 1.5 m³/（h·t）和 2.0 m³/（h·t），重复上述实验步骤。

（3）实验结果整理。

① 记录实验主体设备尺寸、实验温度、气体流量等基本参数。

② 实验数据的记录方式可参考表 6–2。

表 6–2　垃圾发酵试验数据记录表

项目	供气流量 1.0 m³/（h·t）				供气流量 1.5 m³/（h·t）				供气流量 2.0 m³/（h·t）			
	含水率/%	温度/℃	CO_2/%	O_2/%	含水率/%	温度/℃	CO_2/%	O_2/%	含水率/%	温度/℃	CO_2/%	O_2/%
原始垃圾												
第 1 天												
第 2 天												
第 3 天												

续表

项目	供气流量 1.0 m^3/（h·t）				供气流量 1.5 m^3/（h·t）				供气流量 2.0 m^3/（h·t）			
	含水率/%	温度/℃	CO_2/%	O_2/%	含水率/%	温度/℃	CO_2/%	O_2/%	含水率/%	温度/℃	CO_2/%	O_2/%
第 4 天												
第 5 天												
第 6 天												
第 7 天												
第 8 天												
第 9 天												
第10天												
第11天												
第12天												
第13天												
第14天												
第15天												

4. 厌氧消化过程模拟

厌氧发酵需要的实验装置及相关操作流程如下：

（1）发酵罐及其配件。

发酵罐为有机玻璃制。配套附件有：① 进水泵 1 台；② 废水配水箱 1 个；③ 厌氧搅拌系统 1 套；④ 不锈钢加热罐 1 个；⑤ 加热恒温水套 1 套（反应温度控制在 40 ℃左右）；⑥ 温度控制系统 1 套（控温精度：±1 ℃）；⑦ 湿式气体流量计 1 台；⑧ 水封槽 2 个；⑨ 小型电器控制柜 1 个；⑩ 漏电保护器 1 个；⑪ 不锈钢实验台架；⑫ 连接管道及阀门等若干。装置整体尺寸约为：长×宽×高=1 000 mm×500 mm×1 500 mm。

装置结构示意图见图 6–3。

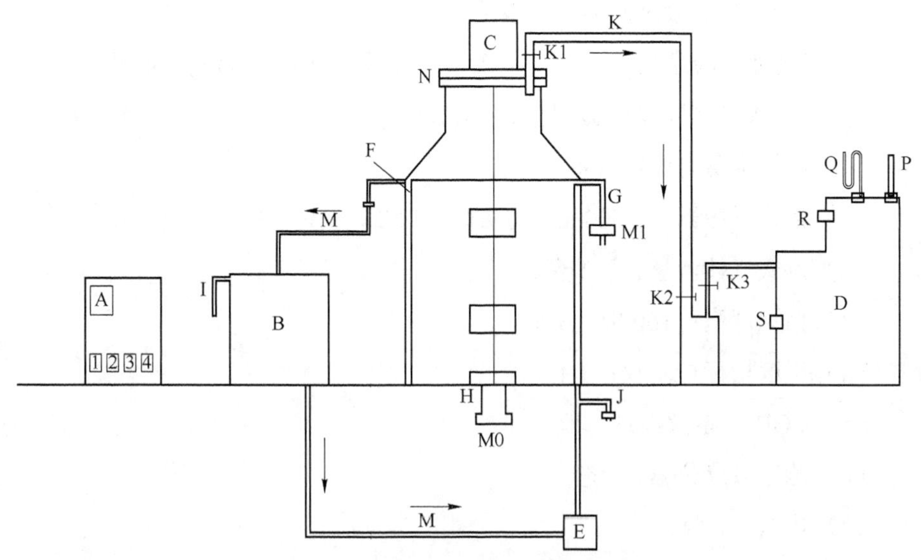

图 6–3　厌氧发酵罐装置结构示意图

A—电源开关；B—循环水加热锅；C—搅拌机电动机；D—气体湿式流量计；E—循环泵；F—外层保温水；G—内层溢流管；H—排放口；I—加热锅溢流管；J—保温水排放口；K—出气管；K1，K2，K3—阀门；M—保温水循环管；M0，M1—阀门；N—进料口；P—温度计；Q—压力计；R—出气孔；S—放水阀；1—鼓风机开关；2—搅拌器开关；3—加热器开关；4—循环泵开关

（2）测试装置密闭性。

关闭 K3，打开 K1、K2，由 M1 向装置鼓气，一段时间后关闭 M1。在各接口处抹肥皂水，没有气泡即不漏气。若不漏气则打开 M1，关闭 K1、K2。连接湿式气体流量计，记录流量计初始读数。

（3）操作步骤。

① 关闭保温水排放口 J，将锅盖顺时针方向旋转 45° 左右，用接在水龙头上的水管向锅内注水。同时，打开电源总开关，按下电源控制器上的 4 键打开循环泵，当加热锅上的溢流管 I 开始出水时停止向加热锅内注水。将锅盖恢复原状，并检查连接处是否拧紧。

② 按电源控制器上的 3 键打开加热器，设定温度对循环水加热。

③ 当达到预定温度后，关闭排放口 H 的阀门 M0，内层溢流管 G 的阀门 M1。打开进料口 N 上的螺栓，填入垃圾，然后盖上进料口 N 并拧紧螺栓。打

开 K1、K2、K3，按下电源控制器上的 2 键，打开搅拌机，开始厌氧消化。

④ 实验进行一段时间后，记录流量计读数。

⑤ 当全部实验结束后，关闭电源，打开排放口 H，将垃圾抽出。

⑥ 打开保温水排放口 J，将保温水放出。

厌氧消化需要的仪器设备：

（1）消化反应器：2 500 mL 的两口小口瓶，1 只。

（2）湿式气体流量计：1 台。

（3）白炽灯泡：100 W，6 个。

（4）温度指标控制仪：1 台。

（5）COD 测定仪器：1 套。

（6）测定碱度仪器：1 套。

（7）烘箱：1 台。

（8）马弗炉：1 台。

（9）分析天平：1 台。

（10）气相色谱仪：1 台。

（11）酸度计：1 台。

（12）漏斗、螺丝夹等。

厌氧消化的操作步骤为：

（1）从城市污水厂取回成熟的消化污泥，并测定其 MLSS、MLVSS。

（2）取消化污泥 2 L 装入厌氧消化器内（控制污泥浓度为 20 g/L 左右）。

（3）密闭消化反应系统，放置 1 天，以碱性细菌消耗消化反应器内的氧气。

（4）配制 10 g/L 的谷氨酸钠溶液。谷氨酸钠的化学式为

$$\mathrm{NaOOC{-}CH_2{-}CH_2{-}\underset{\displaystyle\mid\atop\displaystyle NH_2}{CH}{-}COOH}$$

（5）第二天，将消化反应器内的混合液摇匀，按确定的水力停留时间由螺夹 6 处排去消化反应器内的混合液（例如，水力停留时间为 5 天，应排去混合液 400 mL）。

（6）按确定的停留时间投加谷氨酸钠溶液和磷酸二氢钾溶液，使消化反应

器内混合液体积仍然是 2 L。具体操作为：① 先倒少量谷氨酸钠溶液于进料漏斗，微微打开螺丝夹使溶液缓缓流入消化反应器，并继续加谷氨酸钠和磷酸二氢钾溶液。② 当漏斗中溶液只剩很少量时，迅速关紧螺丝夹，以免空气进入实验装置。

（7）摇匀消化反应器内的混合液，开始进行厌氧消化反应。

（8）第二天记录湿式气体流量计读数，计算一天的产气量，测定排出混合液的 pH 值。

（9）以后每天重复实验步骤（5）～（8）。一般情况下，运行 1～2 个月可以得到稳定的消化系统。

（10）实验系统稳定后连续 3 天测定 pH 值、气体成分、碱度、进水 COD、MLSS 和 MLVSS。

实验时应注意下述实验条件：

（1）绝对厌氧。由于甲烷细菌是专性厌氧细菌，故实验装置（或生产设备）应保证绝对厌氧条件。

（2）pH 值。实验系统的 pH 值宜控制在 6.5～7.5 mg/L（$CaCO_3$）。当 pH 值低于 6.5 时，实验系统内可以投加碳酸氢钠调节碱度，生产性设备中则可投加石灰石调节碱度。

（3）营养。兼性细菌、厌氧细菌与好氧细菌一样，需要氮、磷营养元素以及各种微量元素，厌氧消化过程中氮、磷可按 BOD5:N:P=（200～300）:5:1 进行投加。如果实验污水或污泥含氮量不够，则可以投加氯化铵作为氮源，但不能投加硫酸铵，因为硫酸弧菌会利用硫酸铵与产甲烷菌争夺有机物，产生 H_2S、CO_2 并合成细胞，降低 CH_4 的产量。

（4）温度。根据甲烷细菌对于温度的适应性，可分为两类，即中温甲烷菌（适应温度区 30 ℃～35 ℃）和温度甲烷菌（适应温度区 50 ℃～55 ℃）。两区之间，反应速率反而减慢。可见消化反应与温度之间的关系不是连续的。当厌氧消化允许的温度变化范围为±3 ℃的变化时，就会抑制消化速率。

（5）污泥龄与负荷。厌氧消化效果的好坏与污泥龄有直接关系。在污泥厌氧消化工艺中，污泥龄（θ_c）等于水力停留时间（SRT）。

对于上流式厌氧污泥床，厌氧滤池和厌氧流化床等新型厌氧工艺的有机负荷在中温时为5～15 kg（COD）/（m^3 • d），也可高达30 kg（COD）/（m^3 • d），故最好通过实验来确定最适合的负荷。污水或污泥在厌氧消化设备中的停留时间以不引起厌氧细菌流失为准，它与操作方式有关。但温度为 35 ℃时，对于间歇进料的实验，水力停留时间为5～7天。

（6）混合与搅拌。混合与搅拌是提高消化效率的工艺条件之一，适当的混合和搅拌可以使厌氧细菌与有机物充分接触，使有机物分解过程加快，增加产气量，还可以打碎消化池面上的污渍，使反应器内的环境因素保持均匀。对于实验室里的间歇进料的厌氧消化实验，在 35 ℃时，每日混合 2～3 次即可。

（7）有毒物质。与耗氧处理相同，有毒物质会影响或破坏厌氧消化过程。例如，重金属、HS^-、NH_3、碱与碱土金属（Na^+、K^+、Ca^{2+}、Mg^{2+}）等都会影响厌氧消化。

（8）厌氧消化实验可以用污水、污泥、马粪等进行，也可以用已知成分的化学药品（如醋酸、醋酸钠、谷氨酸）等进行。本实验是在 35 ℃条件下，采用校园垃圾、食堂厨余垃圾或污水厂污泥进行的。本实验采用间歇进料方式，进行厌氧消化研究时，一般采用连续进料方式。

（9）为使实验装置不漏气，可用橡皮泥或四氟乙烯袋等其他方法密封各接口。

（10）每组宜做两个对比实验，一个为水力停留时间长于 7 天，另一个为短于7天，以观察pH值、碱度、产气量、COD去除率的变化情况。停留时间短于7天的装置可在实验开始后的10～20天测定上述项目。

实验结果整理如下：

（1）记录实验设备和操作基本参数，见表6–3。

表6–3　实验设备和实验操作基本参数

实验开始日期	年　月　日	实验结束日期	年　月　日
消化器容积	L	实验温度	℃
泥龄	θ_1=		θ_2=
谷氨酸钠投加量	g/d	磷酸二氢钾投入量	g/d

（2）参考表 6–4，记录产气量和 pH 值。

表 6–4　产气量和 pH 值

水力停留时间θ1=

日期	湿式气体流量计读数	产气量/（mL · d^{-1}）	pH 值

（3）气相色谱仪测得的气体成分可参考表 6–5 记录。

表 6–5　厌氧消化的气体成分

成分	h（CH_4）/cm	CH_4/%	h（CO_2）/cm	CO_2/%	h（H_2）/cm	H_2/%
标准样						
成分	h（CH_4）/cm	CH_4/%	h（CO_2）/cm	CO_2/%	h（H_2）/cm	H_2/%
日期						

（4）碱度测定数据可按表 6–6 记录，并计算碱度（以 $CaCO_3$ 计）。

表 6–6　碱度测定数据记录

日期	θ/d	H_2SO_4 的用量			H_2SO_4 的浓度/（mol · L^{-1}）
		后读数	初读数	差值	

（5）COD 测定数据可参考表 6–7 记录，并计算 COD。

表 6–7　COD 测定数据记录

日期	θ_1/d	空白				进水 COD				出水 COD				硫酸亚铁铵浓度/（mol·L^{-1}）
		后读数	初读数	差值	水样体积/mL	后读数	初读数	差值	水样体积/mL	后读数	初读数	差值	水样体积/mL	

（6）MLSS 和 MLVSS 的测定数据可参考表 6–8 记录，并计算 MLSS 和 MLVSS。

表 6–8　MLSS 和 MLVSS 的测定数据

滤纸灰分________________

日期	θ_1/d	坩埚编号	坩埚+滤纸/g	坩埚+滤纸+污泥/g	灼烧后质量/g

5. 实验结果讨论

（1）绘制堆体温度随时间变化的曲线。

（2）根据实验结果讨论环境因素对好氧堆肥和厌氧消化的影响。

6.7　餐厨垃圾厌氧消化实验

1. 实验目的

（1）掌握厌氧消化基本原理和工艺流程。

（2）了解餐厨垃圾厌氧过程主要工艺参数及其对产气性能的影响。

2. 实验原理

厌氧消化：有机物在无氧条件下被微生物分解、转化成甲烷和二氧化碳等，并合成自身细胞物质的生物学过程。

厌氧消化过程中，在微生物的作用下有机质被分解，其中一部分物质转化为甲烷、CO_2等物质，以气体形成释放出来，即人们常说的沼气；未消化完的残余物等沼渣沼液，一般作为有机肥料使用。影响厌氧消化的因素主要有：（1）厌氧条件。（2）消化温度。（3）有机负荷率。（4）消化时间。（5）pH值。（6）接种物。（7）营养物质。（8）有毒物质。（9）搅拌等。沼气的主要成分是甲烷，此外还含有 CO_2、N_2、CO、H_2、H_2S 和极少量的 O_2。沼气中甲烷的含量一般在 50%～65%，CO_2 在 30%～35%。

3. 实验设备及材料

（1）粉碎机。

（2）总有机碳分析仪。

（3）电热鼓风干燥箱。

（4）马弗炉。

（5）气相色谱仪。

（6）微量进样器。

（7）精密电子天平。

（8）pH/IsE 测试仪。

（9）电子天平。

（10）凯式定氮仪。

（11）秸秆。

（12）厌氧消化沼液。

4. 实验步骤

实验采用批式厌氧发酵，实验装置主要由 1 L 蓝盖瓶、1 L 集气瓶（即广口瓶）和 1 L 烧杯组成，其中集气瓶上标有刻度，采用中温厌氧消化[（35±1）℃]。蓝盖瓶作为反应发酵罐，工作体积为 0.8 L。采用排水法收集沼气，在集气瓶上标计刻度来计量日产气量。实验装置见图 6–4。

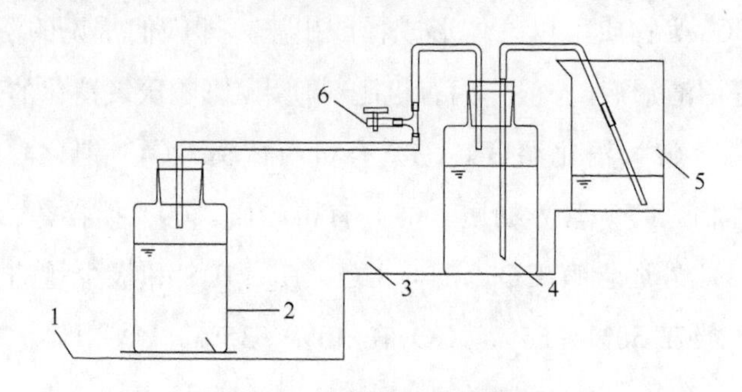

图 6–4 厌氧消化实验装置

1—平台；2—1 L 蓝盖瓶；3—平台；4—集气瓶；5—烧杯；
6—三通玻璃管和止水夹

（1）预处理和保存。

首先晾晒实验用秸秆，晒干后将秸秆粉碎以备进行性质分析以及对照实验。

接种物取回后置于塑料桶内密封，静置 24 h 后吸出上清液，以提高污泥浓度。在某些特定实验中，为满足实验要求，需对污泥进行进一步浓缩，可采用离心的方法来实现。离心条件为转速 3 000 r/min，离心时间为 10 min。将预处理过的污泥存放在密闭容器内，保存于 4 ℃的冰箱中，并于使用前 1 天取出，置于室温使菌种恢复活性。

（2）上料。

按照预先设定的负荷 10～30 g/L、F/M（原料和接种物）比为 0.5～1、反应体积 0.8 L、原料的总固体量 TS 和挥发性固体量 VS 等，计算进料所用原料量和接种泥的量，根据原料的碳氮含量，计算是否应该加尿素调节碳氮比。测定进料前的瓶重，进料后，加水至反应体积刻度处，搅拌均匀，测定总重和 pH 值，塞上定做的梯形硅胶塞。

（3）运行管理。

反应瓶放置在室温条件下，记录瓶中加水至 1 L 刻度处，积水瓶加入 200 mL 的水。每天观察产气情况并排查漏气状况，每天记录日产气量，每 3 天测定一次气相（沼气中甲烷含量），每天晃 1～2 次发酵瓶（可起到搅拌作用）。

实验过程中的分析项目主要包括：进、出料的 pH 值，进、出料总固体量（TS）和挥发性固体量（VS），日产气量（每天记录）和产气成分（每周测一次）。其中，pH 值、TS 和 VS 的分析按照 APHA 标准进行。

（4）日产气量连续 3 天基本不产气为止。

5. 数据记录

（1）瓶重（上料前和卸料后各称一次）。

（2）物料性质（实验室完成），记录表如表 6–9 所示。

表 6–9　物料性质

	TS	VS	pH 值	水分
进料性质				
出料性质				
接种物				

（3）测定反应前后物料的重量，计算出物料减少量（扣除接种物的量），即实际用来产气的物料量。

（4）日常记录。

① 每天记录日产气量，产气多的时候集气瓶可能会排空，因此，需要一天内排 2～3 次气；

② 每 3 天测定一次沼气成分，包括 CO_2，N_2，H_2，CH_4，并记录，如表 6–10 所示。

表 6–10　日产气量及沼气成分

日期	天数	日产气量	沼气成分
	1		
	2		
	3		
…	…	…	
总产气量			

（5）画出日产气量图。

（6）计算出单位 TS、VS 产气量和总产气量。

TS—总固体；VS—挥发性固体（实验时已提供，不用单测）。

单位 TS 产气量=总产气量÷总 TS 的量；

单位 VS 产气量=总产气量÷总 VS 的量。

6. 注意事项

（1）实验开始后第 1～2 天可能产气量会很多，然后产气开始迅速下降，正常情况下 2～3 天后产气会慢慢回升，这是正常现象，此时是原料进入了酸化阶段，酸化之后产气量会降得很低，气体中 CO_2 含量最高。产气回升后即系统进入了产甲烷阶段，气体中甲烷含量会慢慢升高。

（2）如果一直不产气的话则可能是反应装置漏气，需检查气密性。

（3）测气时，到实验室找相关人员拿取样针，用完后归回原处。

（4）产气结束后，将装置拿回实验室交给相关人员，测定出料性质，并冲洗干净装置。

6.8　垃圾填埋场稳定化过程模拟

1. 实验目的与意义

填埋处置就是在陆地上选择合适的天然场所或人工改造出合适的场所，把固体废物用土层覆盖起来的技术。这种处置方法可以有效地隔离污染物、保护好环境，并且具有工艺简单、成本低的优点。目前土地填埋处置在大多数国家已成为固体废弃物最终处置的一种重要方法。随着环境工程的迅速发展，填埋处置已不仅仅只是简单的堆、填、埋，而是更注重对固体废物进行“屏蔽隔离”的工程储存。填埋主要分为两种：一般城市垃圾与无害化的工业废渣是基于环境卫生角度而填埋，称为卫生土地填埋或卫生填埋。对有毒有害物质的填埋则是基于安全考虑，称为安全土地填埋或安全填埋。

填埋分为厌氧填埋、好氧填埋和准好氧填埋 3 种类型。其中好氧填埋类似高温堆肥，最大优点是可以减少因垃圾降解过程渗出液积累过多造成的地下水污染；其次好氧填埋分解速度快，所产生的高温可有效地消灭大肠杆菌和部分致病细菌。但好氧填埋处置工程结构复杂，施工难度大，投资费用高，故难于推广。准好氧填埋介于好氧和厌氧之间，也存在类似好氧填埋的问题，使用不多。厌氧填埋是国内采用最多的填埋形式，具有结构简单、操作方便、工程造价低、可回收甲烷气体等优点。

2. 实验原理

参见有机垃圾生物处理模拟实验中厌氧消化部分。

3. 实验装置

垃圾填埋场稳定化示意图如图 6-5 所示。

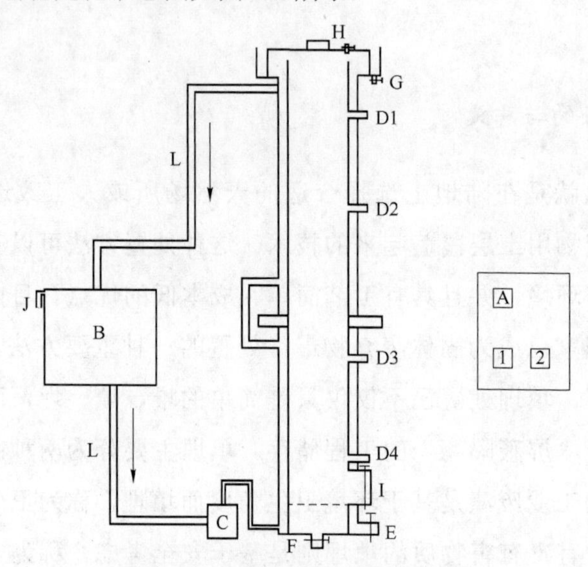

图 6–5 垃圾填埋场稳定化示意图

A—电源总开关；B—循环水加热锅；C—循环泵；D1，D2，D3，D4—取样口；E—循环水排放口；F—渗滤液出口；G—水封水排放口；H—排气口；L—循环水管；I—垃圾排放口；J—加热锅溢流管；1—加热锅开关；2—循环泵开关

4. 操作步骤

（1）首先检查设备有无异常（漏电、漏水等）。一切正常后开始操作。

（2）对有机物在柱内进行分层填埋、堆肥至顶部，也可在顶部盖上一层黏土。

（3）加入恒温水，打开温度控制开关与循环泵开关，对系统进行加热保温工作。

（4）反应时间一般为 10～60 天，根据实际情况而定，在此期间可对不同反应时间阶段进行取样分析。

（5）反应结束后，卸除余料，关闭所有电源，检查设备状况，没有问题后方可离开。

5. 注意事项

（1）加热器加热时，必须保证内部充满水，不能空烧。

（2）程序控制器如长时间不用，则内部会无电，不能正常工作。此时，需按一下复位按钮，并将电源插上后方能正常使用。

6. 实验结果整理

（1）记录实验设备和操作基本参数，如表 6–11 所示。

表 6–11　实验设备和实验操作基本参数

实验开始日期	年　月　日	实验结束日期	年　月　日
填埋柱容积/L		实验温度/℃	
垃圾填埋高度/cm		覆土层厚/cm	

（2）参考表 6–12 记录产气量、渗滤液水量。

表 6–12　产气量和渗滤液水量

日期	湿式气体流量计读数	产气量/（mL·d^{-1}）	渗滤液液面高度/cm

（3）气相色谱仪测得的填埋气体成分可参考表 6–13 记录。

表 6–13　填埋气体成分

成分	h（CH_4）/cm	CH_4/%	h（CO_2）/cm	CO_2/%	h（H_2）/cm	H_2/%
标准样						
成分	h（CH_4）/cm	CH_4/%	h（CO_2）/cm	CO_2/%	h（H_2）/cm	H_2/%
日期						

（4）渗滤液 COD 测定数据可参考表 6–14 记录，并计算 COD。

表 6–14　COD 数据记录表

日期	θ_1/d	空白				进水 COD				出水 COD				硫酸亚铁铵浓度/(mol · L^{-1})
		后读数	初读数	差值	水样体积/mL	后读数	初读数	差值	水样体积/mL	后读数	初读数	差值	水样体积/mL	

（5）MLSS 和 MLVSS 的测定数据可参考表 6–15 记录，并计算 MLSS 和 MLVSS。

表 6–15　MLSS 和 MLVSS 的测定数据

滤纸灰分________________

日期	θ_1/d	坩埚编号	坩埚+滤纸/g	坩埚+滤纸+污泥/g	灼烧后质量/g

7. 实验结果讨论

（1）绘制填埋柱内产气量和气体组分随时间变化的曲线。

（2）绘制填埋柱渗滤液水量和水质随时间变化的曲线。

（3）根据实验结果讨论环境因素对填埋场稳定化过程的影响。

6.9　焚烧炉灰处理方案设计

1. 实验内容与要求

本实验为综合设计性实验，学生需要在掌握焚烧炉灰性质的基础上，根据课堂所学的固体废物处理处置工艺原理，初步拟定焚烧炉灰处理方案，利用环境工程污染控制实验室仪器设备，独立开展实验，按照国家规定和国际上通用的测试方法，来分析评价处理效果。

2. 实验成果

（1）提交实验方案。

（2）提交设计计算书，包括工艺流程简图和参数计算。

参考文献

[1] 杨慧芬. 固体废物处理技术及工程应用 [M]. 北京：机械工业出版社，2003.
[2] 聂永丰. 三废处理工程技术手册：固体废物卷 [M]. 北京：化学工业出版社，2000.
[3] 张益. 生活垃圾焚烧技术 [M]. 北京：化学工业出版社，2000.
[4] 郝吉明. 大气污染控制工程实验 [M]. 北京：高等教育出版社，2004.
[5] 宁平，张承中，陈建中. 固体废物处理与处置实践教程 [M]. 北京：化学工业出版社教材出版中心，2005.
[6] 赵由才. 实用环境工程手册：固体废物污染控制与资源化 [M]. 北京：化学工业出版社，2002.
[7] 赵由才. 实用环境工程手册：固体废物污染控制与资源化 [M]. 北京：化学工业出版社，2002.
[8] 韩怀强，蒋挺大. 粉煤灰利用技术 [M]. 北京：化学工业出版社，2001.
[9] 廖正环. 公路工程新材料及其应用指南 [M]. 北京：人民交通出版社，2004.
[10] 张衍国，王哲明，李清海，等. 炉排—流化床垃圾焚烧的热态试验研究 [J]. 热力发电，2005，34（8）：19–22.
[11] 奉华，张衍国，邱天，等. 城市污水污泥的热解特性 [J]. 清华大学学报（自然科学版），2001，41（10）：90–92.
[12] 冉景煜，牛奔，张力，等. 煤矸石综合燃烧性能及其燃烧动力学特性研究 [J]. 中国电机工程学报，2006，26（15）：58–62.
[13] 刘建华，王君儒，陈景峰，等. 垃圾焚烧炉实验台的设计 [J]. 集美大学学报（自然版），2003，8（2）：172–175.

[14] 雷中方，刘翔. 环境工程学实验［M］. 北京：化学工业出版社，2007.
[15] 刘娟，暴勇超，赵春禄. 环境工程学实验［M］. 北京：化学工业出版社，2011.
[16] 章非娟，徐竟成. 环境工程实验［M］. 北京：高等教育出版社，2006.
[17] 任南琪. 厌氧生物技术原理与应用［M］. 北京：化学工业出版社环境科学与工程出版中心，2004.
[18] 宋立杰，赵天涛，赵由才. 固体废物处理与资源化实验［M］. 北京：化学工业出版社，2008.
[19] 赵庆祥. 污泥资源化技术［M］. 北京：化学工业出版社，2002.
[20] 宁平，张承中，陈建中. 固体废物处理与处置实践教程［M］. 北京：化学工业出版社教材出版中心，2005.
[21] 李国刚. 固体废物试验与监测分析方法［M］. 北京：化学工业出版社环境科学与工程出版中心，2003.
[22] 刘研萍，李秀金. 固体废物工程实验［M］. 北京：化学工业出版社，2008.
[23] 李永峰，回永铭，黄中子. 固体废物污染控制工程实验教程［M］. 上海：上海交通大学出版社，2009.